制种水稻测产技术

赵家桔　应东山　编著

中国农业科学技术出版社

图书在版编目（CIP）数据

制种水稻测产技术 / 赵家桔，应东山编著. --北京：中国农业科学技术出版社，2023.12

ISBN 978-7-5116-6595-9

Ⅰ. ①制… Ⅱ. ①赵… ②应… Ⅲ. ①制种－水稻－产量预测 Ⅳ. ①S511

中国国家版本馆CIP数据核字（2023）第250120号

责任编辑 周丽丽
责任校对 李向荣
责任印制 姜义伟 王思文

出 版 者 中国农业科学技术出版社
北京市中关村南大街12号 邮编：100081
电 话 （010）82106638（编辑室） （010）82106624（发行部）
（010）82109709（读者服务部）
网 址 https：//castp.caas.cn
经 销 者 各地新华书店
印 刷 者 北京中科印刷有限公司
开 本 148 mm×210 mm 1/32
印 张 5.125
字 数 150千字
版 次 2023年12月第1版 2023年12月第1次印刷
定 价 40.00元

《制种水稻测产技术》

编著者名单

主 编 著 赵家桔 应东山

副主编著 羊步孔 高 玲 陈旖旎

编 著 者 李莉萍 高锦合 孙 悦 冯红玉 刘迪发 徐 丽 王 洁 冯振国 陈 媚 谢彩虹

前 言

为确保中国人的饭碗主要装中国粮，党的十八大以来，习近平总书记多次就种子问题做出指示，多次强调要把民族种业搞上去。2021 年的中央一号文件也明确提出要“打好种业翻身仗”。国以农为本，农以种为先。种子是农业生产中最基本、最重要的生产资料，是农业的“芯片”，种子质量的优劣直接影响农业生产安全和国家粮食安全（徐燕飞，2018）。贺道旺等（2015）认为我国是农业生产大国和用种大国，粮食作物种子生产是国家战略性、基础性核心产业，是促进农业长期稳定发展、保障国家粮食安全的根本。钟家富（2013）认为种子作为一种重要的基本生产资料，是农业科学技术和其他各种新型农业生产资料发挥作用的载体，是农产品实现优质、专用、高效的前提。水稻种子质量是决定水稻产量的重要因素。

中国是世界上最大的稻米生产国和消费国，年均稻谷产量和消费量均占世界近三成，60% 以上的人口以稻米为主食（程式华，2021）。1949 年中华人民共和国成立以来，我国的种子生产经历了从群众化选育推广到专业化改良普及，再到产业化发展转型及现代化高质量发展的历史进程，走出了一条适合中国实际的种业发展之路，经历了“户户留种”“四自一辅”“四化一供”“种业产业化发展”及“种业现代化发展”五个阶段（赵佳佳，2021）。贺道旺（2015）认为杂交水稻的推广应用对促进我国粮食生产的作用巨大，杂交水稻的制种生产是国家战略性、基础性核心产业。中国通过近 50 年杂交水稻制种技术研究与实践，先后形成了三系法和两系法杂交水稻制种技术体系及机械化制种技术体系，建立了一批具有生态优势的国家级杂交水稻制种基地（刘爱民等，2023），杂交水稻制种规模与技术一直处于世界领先地位。中国杂交水稻种植面积已超过 1 500 万 hm^2，占水稻总种植面积的 60%，产量约占水稻总产量的 70%（王昭，2018），有效保障了我国的粮食安全。杂交水稻产量高，使得杂交水稻播种面积和杂交水稻种子需求迅速增加。

杂交水稻仍将是中国粮食安全的重要保障，全国每年需要 8 万～ 10 万 hm^2 杂交水稻制种面积才能保证中国杂交水稻种子的安全供应。通过近 50 年杂交水稻制种实践，中国已选定了适宜杂交水稻制种区域，杂交水稻制种基地的选择应具有良好的稻作自然条件和保证种子纯度的隔离条件。杂交水稻制种生长需要的环境条件主要包括海拔、光照、温度、水分、气候、土壤类形、地势（坡度、坡向）等方面的条件。

由于杂交水稻是利用双亲杂交第一代（F_1）的杂种优势，第二代（F_2）性状产生分离，因此必须年年制种才能保障大田杂交水稻生产用种。20 世纪 70 年代初期至 80 年代末期，中国杂交水稻制种经历了技术摸索阶段、技术进步阶段、技术突破阶段、技术组装配套阶段，经过 10 多年的研究与实践，形成了杂交水稻制种基本技术体系（刘爱民，2023）。主要技术有制种生态条件（基地与季节）选择技术、父母本花期相遇技术、父母本群体结构定向培养技术、父母本异交态势改良技术、辅助授粉技术、防杂保纯技术等，田大成（1991）创立了杂交水稻异交栽培学。为保障农民合法权益，促进农业生产可持续发展，我国出台的《水稻保险条例》给制种水稻上了保险，为了制种水稻保险理赔工作的开展，制种水稻测产技术逐渐成熟。制种产量从 500 kg/ hm^2 提高到 3 000 kg/hm^2 以上，典型高产制种基地单产突破 3 750 kg/ hm^2，典型高产制种单产突破 4 500 kg/hm^2（肖层林，2010）。袁隆平（2020）认为制种基地也逐步集中到具有生态优势的认定了一批具有生态优势的国家级专业化制种基地县（市、区），形成了海南南部南繁制种区、华南早晚造制种区、雪峰山山脉制种区、罗霄山山脉制种区、武夷山山脉制种区、四川绵阳制种区和江苏盐城制种区七大优势生态制种区域。

海南是我国唯一的热带岛屿省份，把海南建成国家南繁育种基地，是党中央国务院的重大战略部署。因此，海南作为国家级的育制种基地，为我国种业进步和国家粮食安全作出了重大贡献。据统计，在全国推广的 8 000 多个农作物品种中，80% 经过南繁选育或加代，经海南南繁的杂交水稻种植面积占全国 60% 以上，每年南繁杂交水稻种子出岛量近 3 260 万 kg，可播种面积 2 000 多万亩，可生产粮食超过 100 亿 kg。目前，在海南有来自全国 29 个省（区、市）的 550 余家单位的 5 000 多名科技人员从事南繁制种，参与制种的农民达 5 000 人以上，南繁已成为海南一张亮丽的名片。

海南（南繁）水稻制种不仅是全省育制种业的核心组成部分，其产量还在全国水稻制种市场中占据了八成份额，南繁是指利用海南特有的能够满足植物正常生长繁殖的热带气候条件开展农业科技和作物种子生产活动（陈冠铭，2012；陈稳良，2013）。巫玉平（2013）海南地处热带，位于 108°37′E ～ 111°05′E，3°30′N ～ 20°18′N，年平均气温 22 ～ 27 ℃，≥ 10℃的积温为 8 200 ℃，最冷的 1 月温度仍达 17 ～ 24 ℃，年光照为 1 750 ～ 2 650 h，光照率为 50% ～ 60%，光温充足，光合潜力高。海南入春早，升温快，日温差大，全年无霜冻，冬季温暖，稻可三熟，可根据品种特点和市场需求灵活安排生产，不需要占用库存，是中国杂交水稻育种、制种的理想基地。

梁任繁等（2022）、谭新跃等（2013）、陈斌等（2021）认为海南具有全国其他省市地区不可替代的光温条件气候资源优势，已经成为农作物重要的繁殖制种基地，据不完全统计，每年有近700家全国各地的单位在海南省开展南繁工作。南繁被视为海南农业对国家的三大贡献之一，是我国现代农业发展的抓手。南繁基地被称为“中国农业科技硅谷”“绿色硅谷”“种子硅谷”（田光辉等，2023）。粮安天下，种定乾坤。南繁制种已经有40多年的历史，关系到国家粮食安全。

南繁制种水稻主要基地分布在三亚市的海棠湾、凤凰镇、天涯镇、涯城镇等地，陵水英州镇等（巫玉平，2013）。乐东的九所、利国、黄流、佛罗、千家等镇，其中九所和利国两镇沿着望楼河的九所村、十所村、罗马村、乐一村、乐二村、乐三村、乐四村、塘丰村、新贵村、抱旺村、镜湖村、冲坡村、赤塘村、官村共14个村为核心制种基地，基本连片。东方市的板桥、感城、新龙、八所、三家、四更等镇，其中感城镇的感南村、感北村、人学村、宝东村、宝西村、尧文村、不磨村、生旺村、民兴村共9个村基本连片，为近年发展起来的固定制种基地，此外还有昌江黎族自治县的十月田和临高镇的一少部分。年均制种总面积约7 000 hm^2，年总产量约2.8万t，约占全国杂交水稻种子总需求量的8%；生产企业来自福建、广东、广西、湖南、四川等19个省168个市，包括中国种子集团有限公司在内的种子企业。制种模式是企业提供亲本、技术，并按生产进度提供资金，协会或个人承包生产，按市场价格向企业上交种子。承担生产的协会和个人多以江西省萍乡市的农民为主，现有大小协会约100个，从业人数约6 000人，临时性人员约8 000人。广东、广西、四川、湖南等省也有少数承包商到海南从事杂交水稻种子生产，占海南省杂交水稻制种面积的15%左右。也有少量企业（特别是海南本土企业）直接派技术人员常驻基地生产种子，所占面积比例约为10%。

南繁制种水稻主要特点：第一，从制种水稻生产面积上来看，主要以大公司为主，集中度更高，比如隆平高科旗下四家公司，生产面积接近4万亩，金色农华旗下的两家公司接近2万亩；两家公司接近60%的生产任务（吕青，2018）。第二，从制种水稻的品种上来看，品种以大品种为主，按不育系统计，隆两优（6385）系列品种超过3万亩，按恢复系统计，华占系列占5万亩。两系面积超过三系面积，比例接近6:4；更多的公司将海南作为生产两系品种核心产区。以前海南制种以补充调剂内地生产不足，2016年转变为系列品种的主要生产区域，比如三系广8优系列，天优系列；两系隆两优系列等。第三，从制种水稻的区域变化上来看，由于三亚土地和劳动力成本的上升，基地西移趋势明显，三亚陵水合计面积不足1万亩，乐东保持5.5万亩，东方首次超过3万亩，昌江接近5 000亩。第四，从制种水稻的现代化层度上来看，机械插秧、无人机植保开始小试牛刀。2016年以后，以公司提供农业科技服务，主要提供制种全程机械化服务，主要填补平田、机械化育秧插秧、无人机植保等作业缺口；在九所抱旺村与隆平高科合作实施“十二五”国家科技支撑计划课题“杂交水稻全程机械化制种关键技术研究与示范”取得高产。

本书由中国热带农业科学院热带作物品种资源研究所，农业农村部热带作物种子种苗质量检验测试中心助理研究员赵家桔主编，其中赵家桔负责图书框架及撰写和国内外研究成果与生产实践经验总结工作，应东山负责相关贸易等资料的撰写，书中内容也涵盖了中国热带农业科学院热带作物品种资源研究所，农业农村部热带作物种子种苗质量监督检验测试中心在该领域的最新研究成果。本书通过图文并茂的详细介绍，技术性和操作性强，可供广大水稻种植户、农业科技人员和院校师生查阅使用，对我国水稻制种的商业化发展具有一定的指导作用，对加快我国水稻制种商业化发展，促进农民增收以及产业可持续发展具有重要现实意义。

本书记录了制种水稻发展史、制种水稻测产技术、制种水稻保险及制种水稻的管理等方面的知识，是一本全面、系统的制种水稻知识科普工具书，同时具有较强的理论性、实用性和实践性！希望该书的出版能为杂交水稻制种知识及测产知识的普及贡献力量。由于编著者水平有限，书中不足之处在所难免，敬请广大读者批评指正。

编著者

2023年10月

目录

第一章　制种水稻概论

第一节 制种水稻概论

水稻是典型的自花授粉作物，正常水稻生产是自交栽培。杂交水稻制种是以不正常水稻（雄性不育系）为母本，以正常水稻（恢复系）为父本，母本只能依靠父本的花粉才能结实（刘爱民，2023）。是一个异交结实的过程，因而杂交稻制种又称为水稻的异交栽培。杂交水稻是水稻种内不同地域品种或者粳籼稻亚种间的杂交生物，杂交水稻是现代农业科技的重大成就之一。1964年，袁隆平受一株具有显著杂种优势的天然杂交水稻的启发，率先在籼稻中开展雄性不育的研究，并于1966年首次报道“水稻的雄性不育性”，提出雄性不育系、保持系和恢复系“三系”配套利用水稻杂种优势的育种设想，开启了中国杂交水稻研究的序幕。之后，相继研究成功了三系法和两系法杂交水稻并大面积推广应用，不仅为我国粮食安全作出了重大贡献，而且为水稻等自花授粉作物具有杂种优势提供了有力佐证。它解决了人口膨胀带来的社会和现实问题，这是一件利国利民的好事（王昭，2018）。

杂交水稻制种生产（Hybrid rice seed production）是指利用两个遗传基因上有一定地域或者品种间差异，其优良性状又能互补的水稻亲本品种进行杂交，生产出具有杂种优势的F_1代杂交种子用于大田生产的过程叫杂交水稻制种。在自然界，水稻是一种自花授粉作物，一粒谷颖里雌雄同花，不可能像玉米一样通过去雄、异花授粉来轻松利用杂交优势。水稻杂种优势利用，只有依靠母本花粉败育、不育的特性，通过父本花粉异花授粉的方式来生产大量的F_1代杂交种子。杂交水稻制种其实是一个异花授粉杂交的过程。杂交水稻种子生产在整个过程中，专业性强，农技栽培技术要求高，一般采用"种业公司＋制种基地＋制种农户"的工业化运营方式进行生产（王昭，2018）。

在整个生产过程中，技术性强，操作严格，一切技术措施主要是为提高母本的异交结实率。制种产量的高低和种子质量的好坏，直接关系到杂交水稻的生产与发展。杂交水稻制种基本的技术环节有：制种生态条件（基地与季节）的选择、花期相遇技术（包括播种期、播差期与理想花期的安排、花期预测与调节）、父母本群体的建立与培管、"九二〇"喷施技术与异交态势的改良、人工辅助授粉、特殊病虫害的防治等。

20 世纪 70 年代初期，三系法杂交水稻配套成功后，能否突破制种技术难关，控制杂交水稻制种风险，提高并稳定杂交水稻制种产量与种子质量，是杂交水稻能否大面积推广的关键环节。经历近 50 年的研究与实践，杂交水稻制种技术日益成熟，建立了较完整的杂交水稻制种产业体系，促进了杂交水稻在中国的快速推广，并逐步推广至世界各地。然而，随着中国农业生产经营体制与水稻生产方式以及种业体系的变化，中国必须研究和实行与现代种业相适应的杂交水稻制种产业新技术、新体系（刘爱民，2023）。

第二节　制种水稻发展历程

美国科学家琼斯（Jones）最早于 1926 年首次报道了水稻存在杂种优势，打破了传统的关于自花授粉作物没有杂种优势的观点，从此掀开了杂交水稻育种研究的历史（袁隆平，1988）。但关于杂交水稻繁殖制种技术研究的历史很短，中国于 1973 年成功实践杂交水稻三系配套技术并投入大田生产，以此为标志，到目前为止也仅50年的时间。杂交水稻繁殖制种的历史虽短，但由于有生命科学和作物栽培学作基础，有基本的自然科学理论作指导，加上广大农业科技工作者的不懈努力，因此发展非常迅速，目前已达到了日臻成熟的阶段。杂交水稻种子生产对促进中国稻作生产的发展，提高水稻的产量起了先导作用。

我国杂交水稻制种技术的发展，大体经历了3个阶段。

第一阶段为1973—1980年，为制种技术的摸索阶段。此阶段每公顷制种产量仅在450 kg以内，但摸索并总结出以下关键性的基本技巧：①双亲播差期的确定方法有时差法、叶差法、有效积温差法、活动积温法等。这些方法的应用效果，根据实用性以早季制种用叶差法，晚季制种用时差法，根据准确性为有效积温差法＞活动积温法＞叶差法＞时差法。②安全抽穗扬花期的气象条件为日平均气温无连续3 d以上超过35℃或低于21℃。无连续3 d阴雨日，每日光照在7～9 h，相对湿度为80%～90%。③以幼穗发育8个时期（丁颖，1961）的外部形态来预测双亲的花期，即1期看不见，2期白毛现，3期毛丛丛，4期一公分，5期一市寸，6期谷半长，7期穗变绿，8期即抽穗，并以前三期父本播插期早于母本，中三期父母本处于同一时期，后两期母本早于父本，作为双亲花期相遇的标准。④在调节花期措施上采取氮控磷钾促、旱控水促、断根割叶、喷施赤霉素等措施。1975年，广西大学农学院对二九南不育系进行了割叶、踩根、拔主苞和追施氮肥等不同处理的调节花期试验，结果表明不同处理的调节花期措施均能延迟抽穗2～6 d，但尤其以追施氮肥的调节效果最好（中国农业科学院，湖南省农业科学院，1991）。⑤防杂保纯其空间隔离10 m，20 m，30 m的混杂株率分别为5.2%，2.3%，1.0%，隔离40 m以上未发现混杂，因而进一步明确空间隔离指标为 50 ～ 100 m，时间隔离花期错开在 20 d 以上。

第二阶段为 1981—1985 年，为制种技术的完善阶段。此阶段单产大幅度提高，每公顷产量达到 750 ～ 1 500 kg。20 世纪 70 年代末，制种产量在 450 kg 内已经徘徊了很多年，要提高产量依靠单一的技术措施很难实现，欲要再上新台阶，必须依赖综合的配套技术，因此自 20 世纪 80 年代初，中国的杂交水稻制种技术研究开始侧重于综合技术的组装配套，综合运用了以下一些技术：①四川省农业科学院通过对高产经验总结，指出苗穗不足是制种产量不高的一个主要限制因子，常德、岳阳和湘潭等协作组也发现不育系每蔸插 2 ～ 3 苗比插 1 苗增产 2.6% ～ 9.2%（中国农业科学院，湖南省农业科学院，1991）。因此在制种田的群体布局问题上改母本稀插为靠插不靠发。中国应用的母本不育系多属早稻类型，分蘖力弱，生育期短，依靠大量分蘖成穗很困难，必须依靠主茎和低位分蘖成穗才是获得高产的关键，因此要提高主茎的比例，降低分蘖节位，提早分蘖发生时期，本着“母本靠插不靠发”的原则插足基本苗，尽可能地靠主茎和低位蘖成穗。②改父母本小行比为大行比，由初期的 1∶（3 ～ 5）改为 1∶（8 ～ 10），在保证有充足的父本花粉量的前提下，提高了母本对稻田的占用率。③改绳索拉粉为竹竿科学赶粉。④根据双亲的生育特点，改过去的消极调控为积极调控，进行双亲早期平衡生长调控和花期的及早预测。⑤改低浓度施用“九二〇”为适时适量地科学喷施“九二〇”。所谓适时，普遍认为是在母本见穗 5% ～ 8% 时最适宜，而适量则是根据亲本对“九二〇”的敏感性来决定用量的大小，做到“九二〇”的用量到位，喷施水量充足均匀。⑥在施肥方法上改母本多次施肥为一次性施肥，改父本一次性追施为多次偏施。

⑦在水分管理上采取了“寸水插秧，浅水分蘖，适度晒田，有水养花，干湿壮子”的技术（侯玉璧，1989）。

第三阶段为1986年至今，进入高产制种技术的研究阶段，并取得了突破性的进展。此阶段每公顷产量在2 250～3 000 kg。杂交水稻高产制种技术研究包括水稻高产栽培技术研究和水稻异交栽培技术研究，并且只有在搞好高产栽培技术的基础上搞好异交栽培才能夺取制种高产，通常采取的技术方略是以增加单位面积内母本库容量为基础，以提高田间父本花粉密度为核心，多种技术配套为保障，创造高产制种技术体系。这一阶段除进行高产栽培体系研究外，还对各类不育系的异交习性进行了充分细致的研究，并通过育种方法不断地对不育系的异交习性进行改造与改良（武小金等，1996；崔贵梅等，2007；邓运等，2008）。

此外，在三系法高产制种技术研究稳步发展的同时，两系法制种技术研究也日新月异，并有后来居上趋势。1981年石明松首先报道了光敏感核不育水稻的发现及利用其培育杂交水稻的初步研究结果（石明松，1985）。“国家高技术研究发展计划”（简称863计划）生物技术领域经过论证，于1987年将两系法高产杂交水稻的研究作为一个专题立项（曾千春等，2000）极大地促进了两系法制种技术的发展。

中国杂交水稻制种技术体系的形成奠定了中国杂交水稻高速发展的重要基础，并在全球迅速得到大面积推广与应用。2000年以后，中国南方稻区杂交水稻种植面积达到水稻种植总面积的84%（杨仕华等，2000）。近年全国杂交水稻种植面积在1 800万hm^2左右，约占水稻种植总面积的60%，每年需杂交稻种30万～50万t（杨仕华等，2005）。除中国外，世界其他国家每年约有杂交水稻种植面积1.1亿hm^2，每年需杂交稻种150万～200万t（蔡立湘等，2004）。杂交水稻发展到今天，已经成为水稻科学中的一个重要领域。从生产角度看，中国杂交水稻种子产业市场化程度高，制种产量高，品种多样，每年为国家创造巨大的经济和社会效益，对中国以及世界粮食安全起到了重要作用。从技术角度看，育种方法、育种材料交流做得很好，每个新品种因其制种技术要求较高，质量要求较严，商品性较强，价值较大而被人们所重视，其生产和制种技术研究都较为深入细致（梅凯华，2014）。

第三节　中国水稻种子出口概况

杂交水稻是我国具有研发优势和技术领先的作物，是中国种业“走出去”的“战略产品”，是中国农业“走出去”的一张靓丽名片。据统计，2014—2019 年，我国杂交水稻种子年平均出口数量达到 1.93 万 t，出口金额为 0.64 亿美元。其中 2019 年杂交水稻种子出口数量是 1.75 万 t，占全部种子出口数量的比例高达 70% 左右；出口额为 0.63 亿美元，占比 30%。水稻是我国种业“走出去”的重要作物，对我国种业“走出去”具有举足轻重的意义（张琴，2021）。

随着人口的不断增长和粮食需求的增加，粮食生产的重要性越来越受到重视。而杂交水稻种子的出现和应用，使粮食生产的效率和产量得到了极大的提升。

中国作为全球最大的杂交水稻种子生产国之一，其杂交水稻种子的出口贸易也逐渐成为世界关注的焦点（张琴，2021）。根据中国海关总署的统计数据显示，2019 年中国杂交水稻种子

注：1 hm^2=15 亩；1 亩 ≈667 m^2。全书同。

的出口量为 1.28×10^7 kg，同比增长了30.6%。而且，中国杂交水稻种子的出口市场主要集中在东南亚、南亚和非洲等地区。其中，印度、孟加拉国、越南、尼日利亚等国家是中国杂交水稻种子的主要出口国家（陈燕娟等，2011）。

一、中国杂交水稻种子出口贸易的发展历程

中国自20世纪50年代开始研究杂交水稻，到70年代初期开始推广。随着杂交水稻的推广，其产量和品质得到了大幅提升，成为中国农业发展的重要支柱之一。同时，中国的杂交水稻技术也开始向海外推广。20世纪90年代初期，中国开始向东南亚等国家出口杂交水稻种子，逐渐开拓了国际市场。

在中国杂交水稻种子出口贸易的发展历程中，政策的支持起到了重要的推动作用。2001年，中国加入世界贸易组织（WTO），对杂交水稻种子出口的管理逐渐放宽，使中国的杂交水稻种子出口贸易得以快速发展。同时，中国的杂交水稻种子出口企业也开始崭露头角，如北京大北农科技集团有限公司、湖南省农业科学院等。这些企业通过自主研发、技术转让等方式，不断提高杂交水稻种子的品质和产量，同时不断扩大国际市场份额。

（一）中国杂交水稻技术处于国际领先水平

中国杂交水稻技术的领先优势主要体现在3个方面。第一，首创性。中国是世界上第一个成功将杂种优势理论应用在水稻生产中的国家，也是世界上杂交水稻应用面积最广、应用程度最高的国家。中国具有杂交水稻育种技术不容置疑的自主知识产权。第二，领先性。在杂交水稻基础研究与应用方面，中国处于世界前列，并且将在今后相当长时间内占据领先地位。由于中国科技工作者的努力与种子贸易发展的必然趋势，杂交水稻逐步在一些

国家推广和应用。如菲律宾、印度尼西亚、越南在大量引进中国杂交水稻良种与技术的同时，虽然也开始了杂交水稻育种工作，但无论是在品种选育上，还是种子生产、加工上，其现有资源及开发程度、理论研究水平和成果与中国还有很大差距。其中，有些核心技术，只有通过中国专家的专项培训，才能使该领域的现有成果快速在国外应用与普及。第三，成熟性。杂交水稻在中国经过 30 多年的发展，无论是科研院所的专家教授还是在田间指导实践的技术人员，都倾注了大量的心血，从育种方向、育种材料选择、育种方式、亲本繁殖、种子生产到高产栽培技术都已达到了非常系统与完善的地步，近年来中国高产优质新品种络绎不绝，新技术层出不穷（陈燕娟等，2011）。

（二）中国杂交水稻“走出去”现状

目前，世界上已有 20 多个国家和地区引种了中国的杂交水稻种子，特别是东南亚国家，每年从中国进口大量的杂交水稻种子。据海关总署的统计资料显示，1999—2001 年，中国杂交水稻种子出口量保持在 4 500 t 左右，2002 年增至 6 500 t，2003—2004 年又增加到了 8 000 余吨。此后，中国杂交水稻种子出口放量增长。2009 年中国通过正规渠道出口的杂交水稻种子已达到 1.879 万 t；2010 年达到 3.8 万 t（周宜军等，2011），据中国种子协会估计，2011 年中国杂交水稻种子出口 5.8 万 t，占种子出口量 95% 以上。不同于跨国公司在东道国生产经营的策略，受政策限制，中国种子企业“走出去”主要以贸易为主。目前种子出口企业主要有 4 类，一是边贸企业，通过边境贸易将种子输入到进口国。二是正规的种子出口企业，即获得含有种子进出口业务的全国种子经营许可证的种子企业，通过正规的国际贸易出口种子。三是非种子经营为主业的农业企业，这类企业在发展对外农业承包项即把种子通过自用物资带出。四是没有出口种子资质的企业通过其他外贸企业代理出口种子（袁国保等，2009）。对中国种子出口企业的调研表明，目前中国通过正规渠道出口的种子只占中国种子出口总量的1/2～2/3，仍有1/3～1/2的杂交水稻种子通过边境贸易等非正规的渠道出口到周边国家（陈瑞剑，2013）。

（三）中国杂交水稻种子“走出去”的机遇

世界杂交水稻种子市场容量巨大，水稻是全球第二大产量和第三大播种面积的粮食作物。据报道以中国平均单位面积播种量为基准，根据2010年《全国农产品生产收益资料汇编》数据，估算了全球水稻用种量及市值。其中，北美、东亚、欧盟水稻种子商品化率较高，达到60%，拉美水稻商品化率约为50%，东南亚及南亚地区水稻种子商品化率为15%，非洲水稻种子商品化率最低为10%；中国是世界上最大的杂交水稻种子生产国，全球其他区域水稻种子价格以中国水稻种子单价为基准。

2010年世界水稻产量6.72亿t。但是其种子市场规模和发展相对落后，种子商品化率大约为40% 。2010年，全球商品化水稻种子需求量约为17.3亿kg，其市值达到31.2亿美元。其中，东亚地区的水稻用种量居全球首位，达到8.4亿kg，市值达到20.2亿kg，占世界水稻市场总值的64.7%；其次是东南亚和南亚地区，水稻商业用种量达到7.4亿kg，市值为7.1亿美元。以上两个地区水稻用种量分别占世界水稻商业化用种量的48.6%和42.7% 。

未来不同区域水稻种子商品化率均会有所提高，但是东南亚及南亚以及非洲水稻种子商品化率的增长速度将会快于其他地区。尽管水稻种子单位用种量在未来会有所下降，但是由于商品化率的提高，未来水稻商业用种量将保持平稳的增长态势。同时，由于水稻种子价格的上升，未来水稻种子市场价值仍将有很大上升空间。

二、中国杂交水稻种子出口贸易的现状和特点

目前，中国的杂交水稻种子出口贸易已经成为全球重要的农业贸易之一。据统计，2019 年中国的杂交水稻种子出口额达到 5.5 亿美元，占全球市场份额的 60% 以上。中国的杂交水稻种子出口主要集中在东南亚、非洲、南美洲等地区。其中，越南、印度、菲律宾、印度尼西亚等国家是中国的主要出口市场（祖祎，2021）。

中国的杂交水稻种子出口贸易有以下几个特点：一是技术含量高。中国的杂交水稻种子技术含量高，品质优良，得到了海外客户的认可。二是价格优势明显。中国的杂交水稻种子价格相对较低，具有明显的价格优势，使得出口市场竞争力强。三是出口企业规模大。中国的杂交水稻种子出口企业规模较大，能够满足海外客户的大量需求。

三、中国杂交水稻种子出口贸易的主要市场和竞争对手

中国的杂交水稻种子出口市场主要集中在东南亚、非洲、南美洲等地区（郭修平等，2021）。其中，越南、印度、菲律宾、印度尼西亚等国家是中国的主要出口市场。这些国家的气候条件和土地条件适宜杂交水稻的生长，且本国的杂交水稻技术相对较弱，因此对中国的杂交水稻种子需求量大。中国的杂交水稻种子出口贸易的竞争对手主要来自印度、美国、菲律宾等国家。这些国家的杂交水稻种子技术含量较高，品质优良，价格相对较高，因此具有一定的市场竞争力。但是，与中国相比，这些国家的杂交水稻种子出口规模较小，因此在全球市场份额上处于劣势（易可君等，2009）。

四、中国杂交水稻种子出口贸易面临的机遇

（一）国内杂交水稻种子市场的发展

随着科技的进步和农业的现代化，中国的杂交水稻种子市场经历了快速的发展。根据中国农业科学院的数据，2000 年，中国的杂交水稻种子产量占全国水稻总产量的比重仅为 3.3，而到了 2019 年，这一比重已经增长到了 70% 以上。这表明，中国的杂交水稻种子市场已经成为全球最大的市场之一。

随着杂交水稻种子市场的扩大，中国的种子企业也在不断壮大。目前，中国的杂交水稻种子企业已经超过 1 000 家，其中，一些企业如金龙鱼、中粮福临门等已经成为国际知名品牌。这些企业不仅通过技术研发和市场拓展不断提升自身实力，还通过合作和并购等方式加速了市场的整合。

（二）中国杂交水稻种子品质的提高

随着中国杂交水稻种子市场的不断发展，种子品质也在不断提高。一方面，中国的种子企业通过技术创新和研发不断推出更加优质的杂交水稻种子品种，满足不同地区和不同季节的需求。另一方面，政府也加大了对杂交水稻种子品质的监管力度，对不合格品种进行严格的处罚和淘汰。

近年来，中国的杂交水稻种子品质得到了国际认可。2019 年，中国的杂交水稻种子品种“神农号”在印度取得了重大的突破，成为了首个在印度获得商业化生产许可的中国杂交水稻种子品种。这一成果表明，中国的杂交水稻种子品质已经达到了国际水平，具有很大的出口潜力。

（三）中国杂交水稻种子出口政策的优惠

为了促进杂交水稻种子出口贸易的发展，中国政府制定了

一系列优惠政策。首先，政府对杂交水稻种子出口企业进行了税收减免，降低了企业的出口成本。其次，政府加大了对杂交水稻种子出口企业的金融支持力度，为企业提供了更加便捷和优惠的融资渠道。另外，政府还通过各种方式加强了对杂交水稻种子出口贸易的监管和支持，为企业的发展提供了保障。

总体来说，中国的杂交水稻种子出口贸易面临着较大的机遇。随着国内杂交水稻种子市场的发展、中国杂交水稻种子品质的提高和中国杂交水稻种子出口政策的优惠，中国的杂交水稻种子出口贸易有望继续保持稳定增长，成为中国农业在全球市场上的重要支柱之一。

为了进一步推动中国杂交水稻种子出口贸易的发展，我们提出以下几点建议。

第一，加强品牌建设和市场拓展。中国企业应该加强品牌建设，提高产品质量和服务水平，积极拓展海外市场，增加出口贸易的规模和份额。

第二，加强技术创新和研发。中国企业应该加强技术创新和研发，提高产品的品质和降低成本，增强企业在国际市场上的竞争力。

第三，加强国际合作和交流。中国企业应该积极参与国际标准的制定和实施，与国际知名企业开展合作，提高产品的符合国际标准的程度，增强企业在国际市场上的竞争力。

第四，加强环保和食品安全措施。中国企业应该加强环保和食品安全措施，提高产品的质量和安全性，增强消费者的信任和认可。

通过以上的建议和措施，相信中国杂交水稻种子出口贸易将会迎来更加广阔的发展前景，为中国农业的发展和国际市场的竞争做出更加积极的贡献（胡雅娜等，2023）。

五、中国水稻商业化制种概况

水稻是最重要的粮食作物之一，世界上近 50% 的人口都是以大米为主食。亚洲不仅是世界最主要的水稻消费区，同时也是最大的水稻生产区，全球有 90% 的水稻产自亚洲，其次是非洲，其水稻种植面积占世界水稻总种植面积的 6% 左右。根据联合国粮农组织数据显示，全球水稻种植面积约 1.67 亿 hm^2，产量约 7.56 亿 t。亚洲作为全球水稻主产区，水稻产量达到 6.8 亿 t，占全球水稻产量的 89.9%，其中中国水稻总产排名第一。

杂交水稻作为我国农业科技史上的一座里程碑，目前已推广至 60 多个国家和地区，但海外种植占比偏低，仅 700 万 hm^2，占水稻面积比例仅 5.3%。海外种植杂交水稻国家中，印度杂交稻种植面积最大，约 300 万 hm^2，占比也仅 7%；菲律宾和孟加拉国均约 70 万 hm^2，占比分别为 16%，7%；巴基斯坦约 50 万 hm^2，占比最高，约 17%；越南近年杂交稻面积下降，约 22.5 万 hm^2，占比仅 3%。

中国杂交水稻种子技术优势明显。杂交水稻是中国自主研发并在国际上长期保持领先的一项高新技术。中国杂交水稻育种技术的发展历经了三系法和两系法两个阶段。两系法杂交稻以水稻光温敏核不育性的利用为主要手段，具有不受恢复系保持系关系制约，配组更自由的优点，因此能更充分地利用水稻种质资源和更广泛地利用杂种优势，是继三系法杂交稻之后水稻遗传育种上的又一重大科技创新（吕川根，2010）。在 863 计划、科技支撑计划支持下，中国两系杂交水稻已经大面积用于生产，并在稻米品质、产量、农艺性状、抗倒性等方面表现出明显优势。现在，中国南方稻区，尤其是长江中下游流域的两系水稻发展较快，已趋占据杂交水稻 50% 的份额并继续呈现出强劲的发展势头和广阔的产业前景。中国出口国外的杂交水稻种子并非国内最优良的品种。即便如此，中国杂交水稻种子在出口国仍然表现出了优良的性状。例如，中国企业出口越南的杂交水稻品种比当地对照组平均单产增产 20 % 左右，并且具有需肥少、米质优、生育期短、抗性强等优点（李大跃等，2012）。中国杂交水稻在某些国家或地区单产甚至可以比当地常规品种高出 1 倍左右。和常规水稻相比，中国杂交水稻种子产量优势明显。

第二章　测产理论方法

农业是许多国家，特别是发展中国家社会稳定和国家发展的基础。中国是世界上人口最多的发展中国家之一，且以农业人口为主，在这样的基本国情下，农业作为我国国民经济最基本的产业之一，它直接影响着社会稳定、市场稳定和国家经济安全。粮食生产是农业的关键，粮食安全是整个国家经济安全的重要保障（向昌盛等，2010），粮食等基本农产品的充足供应能够有效保证农作物市场价格的稳定。据预测，到 2030 年，我国人口将会增加到 16 亿，而每年的粮食需求量可能会达到 6.40 亿 t。近年来，随着城镇化进程的加快、工业化的迅速推进、耕地的不断减少、人民生活水平的提高以及自然气候的变化，粮食安全问题日益成为国际社会普遍关注的焦点问题（邹璀等，2013）。为了能够为各级政府提供及时、准确的农情信息，保证粮食供需平衡，制定贸易、农业政策以及宏观经济计划（陈锡康，1992），科学而准确地预测农作物的产量具有重要的战略意义（翟雪，2019）。

产量是农业生产的重要指标，也是科研、管理、统计及评价品种优劣的主要指标。评价产量高低，全部实收实测是不现实的做法，更多的时候是通过测产来完成。粮食测产是国家粮食生产的常规调查，粮食产量预评估、作物高产创建、订单生产、效益评价，常常需要在收获前进行测产，所以，产量测报应尽量做到科学、准确，取样时应遵循代表性和适量性。

水稻理论测产是指在水稻成熟以后快要收割之前，按一定规则，选取一定面积的区块水稻，进而计算出平均每亩收获产量。制种水稻收获前对产量的预测目的在于在制种水稻收获以前及早提供种子产量信息，作为制订收获、仓储、运销、保险理赔等计划的依据，通常采用田间测产法（杨朝晖等，2003）。

农作物测产是在农作物收获前采取一定方法预先测定作物的产量。近几十年来，国内外对农作物产量预测进行了大量研究，目前水稻产量的预测方法有：目测法、田间实地抽样调查法、实收测产法、水稻穗部图像特征的测产方法、利用遥感技术进行水稻测产、作物环境模型测产、稻穗 2D 图像建模快速测产、水稻图像株型参数的无损测量（陆红艳，2010）。

第一节　水稻的田间测产方法

一、目测法

根据水稻当年的长势长相、气候条件、病虫害状况等得到粗略的单位面积产量（农作物测产方法，2011），目测法要求测产人员有相当丰富的经验，且受主观影响、误差较大，只适合粗略估计产量，不具有统计意义。

二、田间实地抽样调查法

根据水稻的产量组成因素测产，水稻单位面积产量由每亩有效穗数、平均实粒数、千粒重组成，测产时首先要选定测产田块和取样点。测产田块要求土壤肥力均匀、作物的生长状况无明显差异，能够代表整个测产区域的一般水平。根据田块的大小和作物生长状况确定取样点，常用的取样方法有五点取样法、随机取样法等，要求取样点具有一定的代表性和均匀性；若作物生长不均匀则可以根据实际生长状况划分为不同的等级，按比例设置取样点数目（杨朝晖等，2003）。田间抽样调查主要采用对角线随机取样方法，取样点可根据作物的大小、生长整齐度和人力而定，生长整齐的10亩田块通常取3～5个点即可，样本面积以1 m^2 为宜。田间抽样调查法具有简单易操作的优点，是目前国内最普遍的测产方法，但是测产过程中需要耗费大量的时间和人力资源，才能保证在规定时间内完成农作物的提前估产任务。

抽样法测产准确度较高，基于遥感、作物模型等的估产研究，其基础产量数据资料都是由抽样法获得的。但是抽样法工作量大、工作速度慢，且容易造成人工误差，在没有更好的测产方法出现前，抽样法的应用依然比较普遍。

三、水稻实收测产

水稻实收测产是指在全部测产范围内随机选取3亩以上的地块进行实收称重（陆红艳，2010）。如果使用机械作业收割前应该进行清仓检查，不计算收割时掉落的籽粒重量。收割后进行称重、去除杂质、测定杂质率、空秕率和含水率，每亩新鲜稻谷减去杂质、空秕和含水部分即为实收产量。实收法一般适用于大范围试验田的验收工作，准确度较高，但是耗费时间长且需要专业人士配合，对取样点也有一定的要求，适于大面积推广。抽样法和实收法都是准确度较高的田间测产方法，但是普遍存在费时费力的问题。

实收测产法是在所需测产区域内随机抽取3个单元，每个单元随机用联合收割机实收3亩以上连片田块，除去杂质后称重并计算产量。收割前由专家组对联合收割机进行清仓检查，田间落粒不计算重量。实收测产法相对来说估产精度较高，但其工作量相当大且耗费时间。境模型预报精度较高，但模型参数确定较困难，难以大面积应用。

目前，国家部门或者大型的科研机构使用较多的水稻产量预测方法是作物环境模型和遥感技术，国内一般农户和农村基层部门普遍使用的测产方法主要是实收测产法与田间实地抽样调查法。长期以来，田间抽样调查法主要靠人工计数的方法进行理论估产。一般对于 10 亩水稻示范田来说，需要按照对角线取样方法选取 5 个样点［图 2-1（a）］；对于百亩示范田来说，首先要以 20 亩为一个测产单元，共分成 5 个单元，然后每个单元按照三点取样法取 3 个样点［图 2-1（b）］，共 15 个采样点；对于万亩示范田来说，则首先要以 200 亩为一个测产单元，共分成 50 个单元，然后按照三点取样法取 3 个样点，共计 150 个样点。采样点确定之后，对于移栽水稻，每点量取 21 行，测量行距；量取 21 株，测定株距，计算每亩穴数；顺序选取 20 穴计算穗数。对于直播和抛秧稻每点取 $1m^2$ 以上调查有效穗数；取平均穗数左右的稻株 2 ～ 3 穴（不少于 50 穗）调查穗粒数、结实率。千粒重以品种区试平均千粒重计算。理论测产公式（唐延林等，2004）如下。

亩产（kg）= 有效穗（万 / 亩）× 穗粒数（粒）× 结实率（%）× 千粒重（g）$\times 10^{-6} \times$ 85%

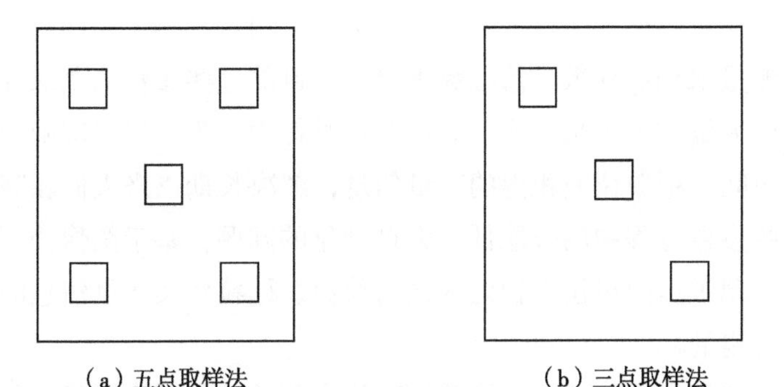

（a）五点取样法　　（b）三点取样法

图 2-1　田间取样方法

由上可知，对于万亩示范田来说，理论测产方法需要选定

150个采样点，就需要对于150个平方米的水稻进行穗数统计，并且要对水稻穗进行籽粒数统计。需要投入大量的人力物力成本，费时费力且自动化程度低。并且理论测产方法并未对选定样点内所有稻穗籽粒数进行统计，从而影响了测产结果的准确性，同时这种测产方法受人为的主观因素影响较大。因此，为了减少工作量、提高测产效率，降低测产成本、需要提出一种具有普适性、简单有效率的水稻测产方法。

第二节　水稻穗部图像特征的测产方法

针对目前大田水稻测产方法工作量大、效率低下、客观性不高等问题，并结合现有的图像处理技术在农作物识别检测领域的应用基础，翟雪（2019）提出了一种基于大田水稻穗部图像特征的测产技术研究，主要以成熟期的大田水稻为研究对象。通过MATLAB对获取的水稻冠层图像进行处理，提取产量预测所需要的穗部参数信息。

在使用田间实地抽样调查法进行大田水稻测产工作时，需要测量水稻的穗数、穗粒数等参数，目前这些参数的获取往往需要大量的人工来完成，非常的耗时耗力。为了快速准确地获取田间水稻单位面积内的产量信息，解决长期以来人们在获取这些参数过程中的效能低、无自动化的问题，基于图像处理技术实现了田间单位面积内水稻的穗数、穗粒数及产量信息的自动化测量。

首先利用扫描仪获取单株离体水稻穗部的正视图像，通过图像预处理去除水稻穗部枝梗，提取籽粒部分的像素面积，分别分析其与籽粒数量及质量之间的关系，研究结果表明：4个品种的离体水稻穗部正视面积分别与籽粒数量及质量存在线性关系，且决定系数 R^2 均在 0.76 以上。同时对田间在体水稻穗部俯视实际面积与籽粒数量及质量的关系进行了分析，发现面积分别与籽粒数量及质量存在线性关系，且决定系数分别为 0.7217 和 0.5213，得到田间水稻籽粒数量和质量的预测公式分别为 $y=0.0947x+28.481$ 和 $y=0.0015x+1.8727$，可以通过获取田间单位面积内水稻穗部面积与穗数来进行单位面积内籽粒数量和质量的预测。

在田间采集品种为南粳 9108、面积 0.25 m^2 区域内的水稻冠层图像。将图像中值滤波后由 RGB 颜色空间转换到 YCbCr 颜色空间，提取其中的 Cr 分量作改进后进行二值化，经过形态学处理后得到包含水稻穗部前景区域的二值图像。以二值图像为掩模提取滤波后的 R，G，B 分量重新组合为 RGB 图像。然后将图像由 RGB 颜色空间转换到 Lab 颜色空间，提取其中的 a，b 分量，运用 K 均值聚类算法分割提取出水稻的稻穗区域，并通过比较稻穗区域像素面积与 0.25 m^2 区域像素面积获得稻穗区域的实际面积。然后对穗部图像进行边缘平滑处理，提取每株稻穗骨架的中间部分，膨胀之后作为标记，使用强制最小技术修改标记位置稻穗梯度图像。最后使用分水岭算法对稻穗梯度图像进行了分割，获得 0.25 m^2 区域内稻穗的预测数量，与实际数量相比，平均绝对误差为 4.7 个，平均相对误差为 7.22%。

通过将图像处理获得的 0.25 m^2 区域内稻穗区域面积与稻穗数量代入预则公式得到预测的籽粒数量和产量。其中预测籽粒数与实际籽粒数之间的平均绝对误差为 769 粒，平均相对误差为 8.93%；预测产量与实际产量之间的平均绝对误差为 25.668g，平均相对误差为 9.79%，最大相对误差为 21.08%。通过预测的籽粒数和测定的千粒重也可以获得 0.25 m^2 区域内水稻的预测产量，与实际产量相比平均绝对误差为23.44g，平均相对误差为9.23%，最大相对误差为17.63%。相对来说，通过预测籽粒数与测定千粒重获得的预测产量比通过面积与质量关系获得的预测产量同实际产量相比平均绝对误差、平均相对误差和最大相对误差等数据偏小一些，更具有稳定性和精确性。

基于大田水稻穗部图像特征实现了田间单位面积内水稻穗数、籽粒数和产量等信息的高效自动获取，预测精度均达到了90%以上，且经济成本低、可操作性强，具有一定的实用性。

第三节 利用遥感技术进行水稻测产

目前，国内外农作物产量预测的方法主要是基于遥感技术来实现，遥感数据的获取方法通常有两种：通过航空航天卫星遥感装置获取遥感数据和通过地面野外光谱仪或成像仪等光谱测定装置获取遥感光谱数据（Hamar et al.，1996）。

遥感估产利用的是传感器原理，联合收割机上的测产装置，其测产原理也是传感器原理，是由惠斯登电桥感应谷物流的冲击力，经过信号放大和滤波电路后进行AD采样，并实现软件降噪处理。利用数学模型将来自产量传感器的信号转换成与实际产量对应的数值（周国祥等，2005）联合收割机上的测产装置，关键部件就是产量传感器。将一个传感器安置在收割机谷仓顶部，接收来自刮板的谷物冲量，采用冲量式原理测量谷物的流量，经过处理后转化为瞬时亩产量，并计算出收割总重量。

基于遥感植被指数在匈牙利建立了县级尺度的线性回归模型估算了小麦和玉米的产量（Uno et al.，2005）。采用统计方法和人工神经网络方法，利用各种植被指数进行玉米产量预测模型的开发，均方根误差20%左右（Bolton et al., 2013）。使用归一化植被指数（NDVI）（Tucker, 1979）。归一化水指数（NDWI）和增强型植被指数的双波段变体（EVI2）与产量进行回归分析预测美国作物产量，增加了回归模型精度。王人潮等（1998）从水稻遥感估产的农学机理着手，挑选与水稻长势及产量关系最为密切，且在形态学上反应比较灵敏的氮素营养水平进行遥感监测试验，结果在遥感估产的稻田信息提取和水稻单产农学光谱试验模式两项关键技术上取得重要进展。李卫国等（2008）采用GPS定位调查、定量遥感反演与产量形成过程模型相耦合的方法进行水稻产量估测研究，实验结果能够对不同区域的水稻产量形成情况进行监测报告，相对误差在0.23%～12.39%，平均为5.13%。唐延林等（2004）测定了2个品种，3个供氮水平处理的水稻抽穗后不同时期冠层高光谱反射率，建立了水稻高光谱单产估算模型，最高精度达95%，说明了高光谱遥感方法进行水稻估产的可行性。

水稻遥感估产的主要方法是建立水稻光谱特征与水稻产量因素的数学模型，利用作物在不同生长发育时期内的遥感光谱数据，通过分析不同波段的遥感光谱数据提取出与水稻产量相关的光谱特征进行建模，目前常用的模型有NDVI，MODIS等（彭代亮，2009）。根据空间距离的不同，获取遥感数据的方法主要有3种：通过高空卫星遥感装置，中空无人机遥感装置和近地光谱仪等获取光谱数据（Wang，2011；Wang，2010；Mulyono，2012；Takayama，2012）常用的作物产量预测遥感光谱数据有归一化植被指数（NDVI）、土壤调节植被指数（SAVI）、绿色归一化植被指数（GNDVI）等。目前，遥感技术在监测水稻长势、测量种植面积和估测产量等方面已经取得了较大的进展，并且被广泛应用。李卫国利用TM遥感信息，结合水稻的生长过程与气候环境因素，实现了遥感信息和估产模型的组合，通过遥感光谱反演水稻抽穗期的叶面积指数和地上生物量并代入水稻估产模型，简化了估产模型并实现产量估算（李卫国，2007）。邓睿等采用 MODIS09 光谱数据作为数据源，使用 CTIF（条件时间序列插值算法）提取水稻像元，并以此来分析产量与提取的植被指数之间的关系，结果表明 2004—2006 年的单产平均精度在 99% 以上，该方法的估算效果较好（邓睿等，2010）。洪雪（2017）利用不同生长时期的水稻冠层的 NDVI 指数和 PRI 指数分别和产量进行了相关性分析，结果表明分蘖期和抽穗期的 NDVI 复合模型拟合度更高，R^2 可达 0.806；水稻整个生长期建立的 PRI 复合模型精确度较高，相对误差为 3.89%；将两种指数用 BP 神经网络算法拟合产量模型，预测精度最高，相对误差为 11.31%。唐延林等（2004）测定 2 个品种的水稻抽穗后冠层高光谱反射率，建立了高光谱水稻估产模型，最高精度达到 95%。

遥感估产宏观性强、获取资料全面，相比之下具有定量、准确的优点（苏仁忠，2018），然而由于存在自然条件、成本等因素的影响，遥感估产的广泛应用仍受到一定限制。

第四节 作物环境模型测产

作物环境模型主要包括农学气象模型、农学估产模型、管理统计模型 3 种。农业气象模型计算粮食产量，大都是依据对作物产量有较大影响的气象因子和产量采用积分回归模型，其趋势项代表社会经济计量因子，而波动项代表气象因子（晏明等，2005）。农业气象模型应用较多（Monte et al.，2002），尤其在中国气象部门被广泛使用，具有很好的运行化特征，只要气象数据搜集准确，即可建立农业气象模型，进行作物单产预测，而且从大量的研究文献分析，农业气象模型在全国具有普遍性的适用例子，且精度基本满足农作物单产预测需求。

农学估产模型主要是在作物生长状况与作物产量构成要素之间建立关系，进而实现预测农作物产量。以水稻为例，在水稻不同生长阶段，人工测量株形特征量：根、茎、叶、分蘖、穗等特征尺寸值，然后利用模型进行产量预测。

管理统计模型主要是根据种植管理过程中的统计数据与作物单产之间建立相关关系，预测农作测产。最典型的统计模型是中国以投入产出技术为核心的系统气象因素预测法，通过建立影响作物单产的统计因子，如灌溉投入、化肥用量、机械动力等与农作物单产之间的系统模型，预测每年的粮食产量（陈锡康，1992）。这种方法具有很好的运行性，基本上在精度和预测时效性上都能保证（龚红菊，2008）。

第五节　稻穗 2D 图像建模快速测产

近年来，随着农业生产机械化和信息化水平的不断提高，农作物产量预测的手段也逐渐多样化，如计算机图像处理技术已经在农业方向得到了高度的发展与应用。在基于图像处理的小麦田间研究方面，Cointault et al.（2008）设计了田间自走式机器人来获取小麦单位面积内图像，通过计算机图像处理提取图像颜色和纹理特征来识别小麦数量。Fernandez-Gallego et al.（2018）基于图像处理技术，通过滤波和寻找最大值的方法来检测计数所采集的田间图像的麦穗数，其算法识别精度达到了 90%。龚红菊等（2007）通过提取品种为 9918 的小麦穗头图像的灰度均值、方差、平滑度、一致性、熵值和三阶矩等纹理特征，分析了各纹理特征与穗头质量之间的相关性。研究结果表明，六种纹理特征与穗头质量都显著相关，并建立了纹理特征与穗头质量的多元回归方程，复相关系数达到 0.98，对质量大于、等于 1.068 的小麦穗头，预测误差在 15% 以内的样本占 84.42%。李毅念等（2018）、杜世伟等（2018）利用特定装置使田间麦穗倾斜后获取田间麦穗群体图像，并利用基于凹点检测匹配连线的方法实现粘连麦穗的分割，进而识别出图像中的麦穗数量；通过计算图像中每个麦穗的面积像素点数并由预测公式得到每个麦穗的籽粒数，进而计算出每幅图像上所有麦穗的预测籽粒数，在识别 3 个品种田间麦穗单幅图像中麦穗数量的平均识别精度为 91.63%，籽粒数的平均预测精度为 90.73%；对 3 个品种 0.25 m^2 区域的小麦麦穗数量、总籽粒数及产量预测的平均精度为 93.83%、93.43%、93.49%。刘涛等（2014）提出了一种利用图像分割技术实现田间麦穗快速计数方法，通过对撒播和条播各 35 幅样本图像进行计数试验，准确率分别为 95.77% 和 96.86% 。

在基于图像处理的水稻穗部参数研究方面，赵三琴等（2014）基于图像分析的方法分别提取水稻穗部面积和一次枝梗长度，并分析两者与籽粒数的相关关系，进而预测出籽粒数，实验结果表明，通过水稻穗部面积、一次枝梗长度特征来预测籽粒数的误差分别为 3.51 %、7.90% 。Ikeda et al.（2015）开发了一套用于分析稻穗性状的软件，用于自动提取如一次枝梗、二次枝梗的数量、长度、着生谷粒数目等稻穗性状。Xiong et al.（2017）、段凌凤（2013）基于机器视觉、图像处理、模式识别及数学建模技术，实现单株水稻的穗数、穗鲜重、穗干重、总粒数、实粒数、单株产量等穗部性状参数的在体测量，实验结果表明，穗数测量平均误差为 0.5，其中 95.3% 的植株的测量误差在 ±1 以内，穗鲜重、穗干重、总粒数、实粒数、单株产量 5 个回归模型的预测误差分别为 7.93%，7.37%，8.59%，7.72% 和 7.45%，然而此结论只适用于单株盆栽水稻。上述研究主要集中在室内水稻考种测产，无法实现对大田水稻产量的预测。

在基于图像处理的大田水稻产量预测方面，龚红菊等（2010）利用自制计算机视觉系统，拍摄成熟期水稻群体图像，应用分形理论分析水稻群体图像的分形特征，在此基础上提取了图像的差分计盒维数和多重分形曲线；进一步研究得出水稻单位面积产量与水稻分形维数具有线性相关关系，最后建立水稻单位面积产量模型，模型精度为 92.57%。李昂等（2017）利用无人机搭载高清数码相机，拍摄从抽穗期到成熟期的水稻冠层影像，提取水稻穗、获得水稻穗数量并代入水稻产量估算公式进行估产，产量估计平均绝对百分误差为 22.8% 。Reza et al.（2017）利用搭建的无人机平台获取田间水稻的图像，通过 K 均值聚类与图形分割算法提取水稻穗部面积，结果表明该方法可以对田间稻穗区域进行有效提取，稻穗区域提取相对误差为 6% ～ 33%，对 4 个小区的产量估算的相对误差为 21% ～ 31%。综上可知，遥感技术以其快速、无损、范围广等优势在大面积产量预测方面表现出非常积极的作用，但存在着收集资料难，经济投入大等问题。而对于小面积产量预测，图像处理技术的表现则更令人满意。对于田间小麦测产，李毅念等（2018）、杜世伟等（2018）通过图像处理得到单位面积内的麦穗数量与籽粒数，并通过千粒重预测小麦总产量。针对单株稻穗结构图像特征，赵三琴等（2014）证明稻穗面积、一次枝梗长度可以用来表达或替代稻穗籽粒数特征，但却未与稻穗籽粒质量建立相关关系。对于田间水稻产量预测，龚红菊等（2010）得出水稻单位面积产量与水稻群体图像分形维数具有线性相关关系，其他研究多是关于水稻穗部区域的提取且未与产量之间建立很好的线性关系，而对于田间水稻单位面积内的穗数、穗部面积与籽粒数及质量之间的关系的研究更是鲜有报道（翟雪，2019）。

郑浩楠（2019）采用基于稻穗2D图像建模的测产方法，以6个不同水稻品种的1198个稻穗为研究对象，首先采集稻穗的产量参数和形态结构参数，分析其分布特征，通过回归分析确定决定粒重的主要结构性状；其次建立籽粒面积与质量参数之间的相关关系模型，并使用决定系数（R^2）、平均相对误差（*MRE*）、平均预测误差（*MPE*）、预测误差标准差（*SDPE*）和均方根预测误差（*RMSPE*）等指标验证模型的有效性；最后提出水稻田间快速测产的方法，运用建立的“五点校准模型”实现水稻产量数据的快速获取并与实际产量进行比较。在此基础上基于Android平台开发了水稻田间快速测产软件，并使用后验差检验法对软件进行了测试，研究结果如下。

第一，对6个不同品种的稻穗质量分布特征分析，结果显示各个品种单株稻穗质量总体分布的偏度系数和峰度系数均接近于0，说明各组稻穗样本的穗重呈正态分布，这表明所采集的样品具有统计学意义。对6个不同品种稻穗属性测量值的方差分析，结果显示6个品种不同属性间存在显著性差异，但是同一品种不同属性间总体变化规律相似。对6个不同水稻品种穗重、实粒重与稻穗粒的2D图像面积、理论高及其容重等3个指标进行逐步回归分析，结果显示无论穗重还是实粒重其主要的决定因素均为稻穗籽粒的2D图像面积。

第二，开发稻穗图像特征提取算法，使用完整提取率检验算法可行性，结果显示不同稻穗品种的完整提取率均在90%以上，最高可达到95.5%，图像特征提取算法具有较好的准确性和通用性，使用图像处理方法获取稻穗籽粒面积特征是可行的。

第三，建立“质量预测模型”和“五点校准模型”，结果显示稻穗籽粒面积与质量参数之间建立的“质量预测模型”决定系数都在0.8以上，最高可以到达0.96，使用稻穗籽粒面积来预测质量可行性较高。“质量预测模型”的MPE值接近于零，模型精确度较高。不同品种的“五点校准模型”的决定系数均在0.99以上，使用“五点校准模型”能更快速准确地预浏质量参数。比较不同模型的*SDPE*、*RMSPE*值，可以得到G4模型（粒重与籽粒面积间的相关模型）的*SDPE*、*RMSPE*值较小一些，模型准确度更高。产量预测的计算公式简化为单位面积内的穗数与平均总粒重的乘积，估算产量的相对误差最小为1.36%，最大为8.64%，估算误差均在10%以下。

第四，基于Android平台的水稻田间快速测产软件可以准确提取出稻穗籽粒面积，完整提取率在90%以上，具有一定的准确度和通用性。软件模型经过验差检验精度等级为一级为好和二级为合格。经过估算产量并与实际产量比较，相对误差在10%以下。水稻田间快速测产软件的精度基本达到可用要求，可以在一定范围内实现水稻田间快速测产（郑浩楠，2019）。

第六节　水稻图像株型参数的无损测量

数字图像处理的方法实现水稻产量预测是近年来发展较为迅速的一种方法，通过测量仪器获得水稻的无损光学图像，并通过图像算法提取特征参数建立数学模型。基于作物特征的图像测产方法是提高测产效率的重要手段（Yang et al.，2013；段凌凤等，2016），目前该方面的测产方法主要有基于单穗脱粒的稻粒图像测产方法、基于水稻植株 3D 图像测产方法和基于稻穗 2D 图像的建模测产方法（段凌凤等，2016；Zhao et al.，2015）。龚红菊（2008）通过纹理分析和分形理论结合数字图像处理建立了水稻田间产量预测模型，该模型的估测值和实测值之间的相对误差 8.08%；以后验差检验法进行测试，模型精度等级为三级为勉强合格。但该模型的研究对象是水稻冠层图像，其特征参数并不包括水稻穗部性状，误差也相对较大。赵三琴等（2014）以工程理论和稻穗属性相结合方法基于稻穗 2D 图像实现了稻穗籽粒数的快速估测。段凌凤（2013）基于水稻植株 JD 图像实现了单株水稻稻穗区域的分割提取与识别，并以此建立了穗部产量性状的估测模型；以后验差检验法进行测试，模型的精度等级为二级为合格。但该研究只针对于单株水稻进行处理，且拍摄空间为环境单一的暗室，更适用于育种领域，不适合在田间环境下进行测产；另外该研究使用的设备包括 X 射线成像、多组彩色相机等，成本相对较高，也需要专业人士进行操作。方伟等（2015）基于单株水稻的多幅侧视和顶视图像建立了水稻地上部分生物量的测量模型，其平均相对误差和决定系数分别为 9.26% 和 0.93%。刘翠红等（2015）以水稻为研究对象，通过图像处理技术实现了水稻株高和投影面积的无损测量。为了无损检测水稻植株的像株高、正面图像投影面积、侧面图像投影面积和俯视图像投影面积，在自然光照条件下拍摄水稻植株图像，采用修正超绿色法（8G–R–B）对图像进行灰度化，利用中值滤波方法去除图像的噪声，采用最大类间方差法（OTSU）提取图像的植株特征，实现了水稻图像株型参数的无损测量。利用特征提取算法对大量水稻植株图像进行处理，图像处理速度快，特征提取效果好。

第七节　测产专家现场勘探测产

由测产专家到制种田块现场进行勘察、了解客户及测产田块的基本情况，记录基本信息。测产专家现场勘查制种水稻的成熟度，水稻未成熟不能进行取样测产；不同制种品种、不同种植批次的制种水稻不能合并测产，取样地点必须具有代表性，所取样本尽可能真实反映受灾地点实际损失情况；并进行记录、拍照取证，包括田间种植情况及基本信息。然后根据测产田块面积布点、取样、脱粒、把样品带回实验室内晒干或者烘干、风选除杂、称重和水分测定、结果计算和出具报告。

第三章　测产实施步骤

第一节　测产前准备

一、田间记录本的制作

在测产工作开展之前，经小组成员的讨论，制作了田间测产记录本（图 3–1），内容涉及测产日期、投保人、地址、面积、品种名称、封口号、图号、田间取样的面积、种植户的配合度、其他异常现象等，信息的记录方便后期报告时核实，同时也是第一手的原始数据资料。

（一）制作田间记录本的要求

制作田间记录本的要求：要求简洁、便捷。

（二）制作田间记录本的作用

记录田间测产的第一手资料，包括投保地块信息，包括投保人、测产日期、测产的品种、地址、投保图号、面积、取样数、封口号、取样点的长和宽及其平均值，毛重、净重、参加人、水分、备注（图 3–1）。

____年

水稻测产记录

投保人			日期			
品种			配合度			
地址						
图号						
面积			亩	样点数		
封口号			/			
	长1	长2	均值	宽1	宽2	均值
1						
2						
3						
4						
5						
6						
7						
8						
9						
毛重		kg	净重		kg	
参加人			水分		%	
备注						

图 3–1　水稻测产记录本

二、测产工具

交通车［皮卡车（图 3–2）、小推车、板车］，脱粒设备，样品称重设备，镰刀，水鞋，样品收集袋（编织袋）和网袋，封口带（由省公司统一制定编号），卷尺，相机，标识牌，记号笔，GPS 测量工具，现场相关记录表，出险标的相关承保资料等。

图 3–2　皮卡车

（一）皮卡车

要求：便捷、适用、安全。

作用：拉脱粒机、水稻样品、测产工具等。

（二）卷尺

用于测量蔸距、行距和行宽。

（三）样品收集袋（编织袋）和网袋

用于盛装取样的稻穗和脱粒后的谷粒。

（四）记号笔

用于在样品收集袋（编织袋）作取样标识，该标识应与理论测产数据记载表上的标识一致。

（五）中性笔

用于数据记载、书写、演算等。

（六）鞋子

水鞋、套鞋。

三、脱粒设备

（一）脱粒设备

2020年以来制种水稻测产要求在现场进行脱粒、风选、称重（毛重），且脱粒机（图3-3）、风选机等相关测产工具由专家团队负责提供。

图3-3　脱粒机组装

（二）脱粒机要求

第一，要求穗粒脱净率能够到达一定要求，脱粒滚筒尽量能够将穗粒从穗头上完全脱下，脱粒完成的穗粒能够从出粮口全部排出并将其收集起来。

第二，要求结构简单，稳定，方便、紧凑，便于加工及改进，各个零部件符合强度，以及刚度要求，在使用过程中确保安全。对于脱粒部分要求水稻穗粒脱净率高，穗粒损失小，滚筒内部便于清洗，结构简单，工作起来结构稳定，过程流畅，且节省能耗。

（三）脱粒机作用

将穗粒从穗头上脱下，收集，去除瘪粒及杂质，便于收集有效粒。

第二节　测产人员组织

测产人员由测产专家，保险公司人员和制种客户组成，其中测产专家要求具备农学专业、中级职称以上资格。每年保险公司需对测产专家进行考核，考核合格的继续担任下一年的测产工作，反之将被辞退。专家考核评分规则见表3–1。

表3–1　专家考核评分规则

序号	考核内容	分值范围
1	对受灾测产地块严格按照“公平、公正、公开”原则开展科学测产工作，保证测产报告的独立性、科学性、权威性	0～15
2	专业知识水平及水稻制繁种保险的熟悉程度、处理复杂地形地块测产评估的能力、测产评估结果的准确性、与制繁种户的沟通能力及出现矛盾时的决断、解决能力	0～15
3	服从保险测产工作调度，按时完成测产工作	0～20
4	测产任务完成效率和测产报告质量	0～20
5	测产报告提交时效（超50天该项分值为0分）	0～20
6	样品处理有专门的场地，存放有专门的储存仓库 测产相关设备齐全	0～10
7	主动分享测产经验，向保险公司提供有效建议	0～10 （额外加分项）
8	专家利用工作便利谋私、接收制繁种户的贿赂，其他给保险公司造成损失的行为	年度考核0分
9	专家与制繁种户有亲属关系、利益关系、合作关系等，在测产评估时不予以回避	年度考核0分

一、小组成员

测产小组（图 3-4、图 3-5）由 2 名测产专家，1 名保险人员，1 名投保人员组成。

图 3-4　测产小组成员

图 3-5　测产小组成员

二、测产前的培训

专家团队成员首先将测产工作当作中心的一项检测任务，

需要了解及掌握相应的测产条款，做好测产服务的准备工作，小组之间统一思想认识，公平公正，签订专家承诺书。并承诺“始终遵守国家相关法律法规的规定，遵循客观独立、公平公正、诚实信用原则，恪守职业道德，承担社会责任”，只有从思想上真正认识到工作职责所在，这样，在测产工作中才能以认真负责的态度去完成任务，对委托测产地块，需严格按照“公平、公正、公开”原则，开展科学测产工作，以保证出具报告的真实性、科学性、完整性、准确性、独立性、权威性。

第三节　测产的具体步骤

一、准备工作

了解记录基本情况，到测产取样田时，在保险公司与客户交流对接过程中，做到了解客户及测产田的基本情况，并进行记录拍照取证，包括田间种植情况及基本信息（图 3-6），作为记录原始资料之一。

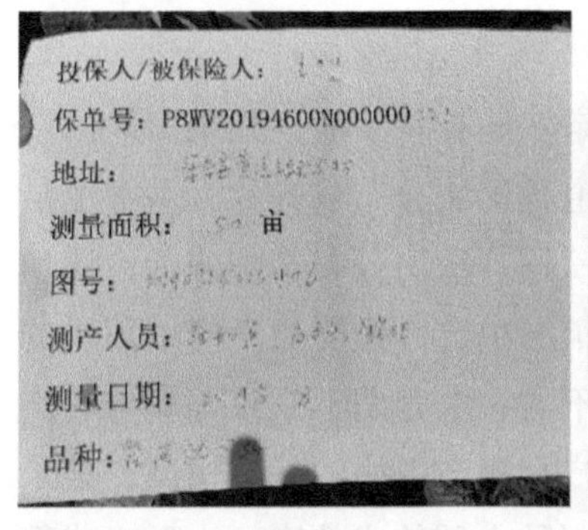

图 3–6　田间取样照片

二、测产田实地勘察

根据测产田的实际情况决定实地查看路线，如果田块的基本设施到位，水泥硬化有主干道且田块分布整齐的，基本上沿着主干道查看即可；如果设施简陋、田块分布不整齐的，实地查看的路线要根据地形及长势情况决定，且要能反应本田块的情况，如碰到特殊情况如长势不均、生育期不一致等应与客户详细了解情况。第一，了解客户及测产田块的基本情况，记录基本信息。测产专家现场勘查制种水稻的成熟度，水稻未成熟不能进行取样测产。第二，不同品种、不同种植批次的制种水稻不能合并测产，取样地点必须具有代表性，所取样本尽可能真实反映受灾地点实际损失情况（图 3–7）。

图 3–7 专家现场勘查

三、确点取样

（一）科学取样、实地查看：根据田块分布确定取点路线

通过了解制种田块基本情况和实地查看后（图 3–8），根据长势、地形、面积等确定取样点。取样要规范。不在田边取样，以消除边行效应带来的误差；不人为地选择长势好的地段取样，以保证样段的代表性；样点采用“S”形或梅花形 5 点取样，保证样段相对均匀分布。样品的代表性是测产工作的重点，如果能取到田块产量的平均水平，基本上能反应实际的产量。因此，在取样时，尽可能避开长势最好的样点和最差的样点，选择中等水平的样点进行取样，这样，对于客户、保险公司都比较公平。

图 3–8 制种田块

（二）确定取样点

要求取样点具有代表性，可在田间按梅花取样法取样，根据面积大小布置不同的取样点，面积 50 亩（不含），取 5 个点；50 ～ 100 亩（不含），取 6 个点；100 ～ 200 亩（不含），取 7 个点；200 亩（含）以上，取 8 个点。

（三）取样方法

取样长度（每行父本 + 母本的距离），取样宽度（母本割取 5 行）。长度测量以母本为中心分别测量取样点左、右两侧父本 + 母本的距离取平均值为样品长度；宽度测量以分别测量取样母本左、右两端的距离，取平均值为样品宽度。即，长 =（$L1+L2$）/2；宽 =（$D1+D2$）/2；取样面积 = 长 × 宽，取样面积包含父本 + 母本（图 3–9，图 3–10）。

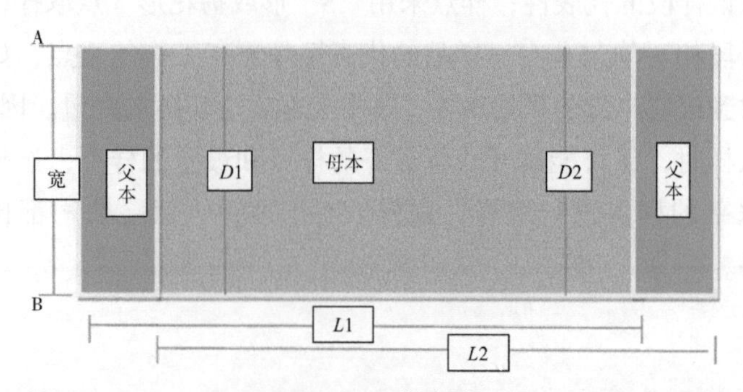

图 3–9 取样方法

图 3-10 取样现场

四、脱粒

2019 年，本测产小组的脱粒工作由公司指定的脱粒点完成，并对样品进行人工初次风选（图 3-11），尽可能保证饱满的种子脱下来，尽量减少机械损失。测产人员跟踪样品脱粒，进行登记对样品编号进行确认，脱粒完成后领取样品及保管好样品，以确保样品的真实性和完整性。

图 3-11 现场脱粒

五、测产样品的处理

（一）测产的要求

第一，气候要求，测产要求天气晴朗的时候进行，阴雨及台风天极端天气不利于测产工作的开展。

第二，成熟度要求，成熟度要求95%以上的成熟即可测产，处于灌浆状态未成熟的不能测产。

第三，测产地块要求，测产地块应为保险投保地块，且需经过95518报案。

第四，杜绝漏割、少割、丢弃稻穗等行为，如发生此类情况，本次样品无效，必须要求重新进行取样。

第五，测产专家及保险人员对样品安全性负责，包括封口、签字确认、封口号的记录等。

第六，在取点效率方面应尽量减少穗粒损失，将完整的稻穗收入网袋中，并编号带回室内进行处理。

（二）测产样品晒干及风选

取回样品后，及时对样品进行室外晒干，如遇下雨天气，则用烘箱（图3–12）进行烘干，以防止样品发芽及变质，样品的干燥程度根据经验确定。晒干的样品再次用电动风机进行风选（图3–13），经用风机风选后（图3–14，图3–15），还可借助人工用簸箕除杂，以保证样品的干净程度。

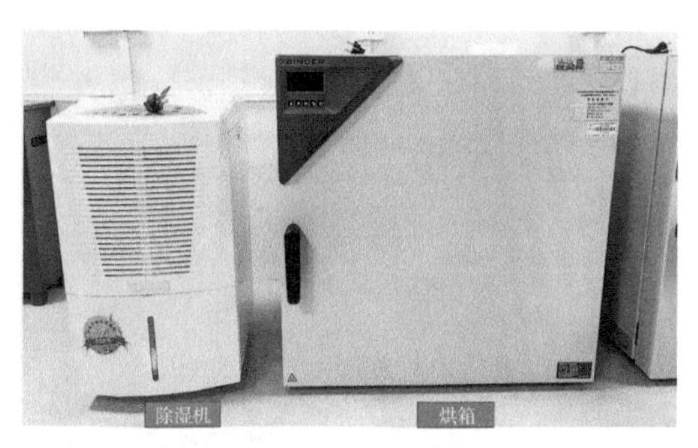

图 3-12　烘箱

图 3-13　电动风机

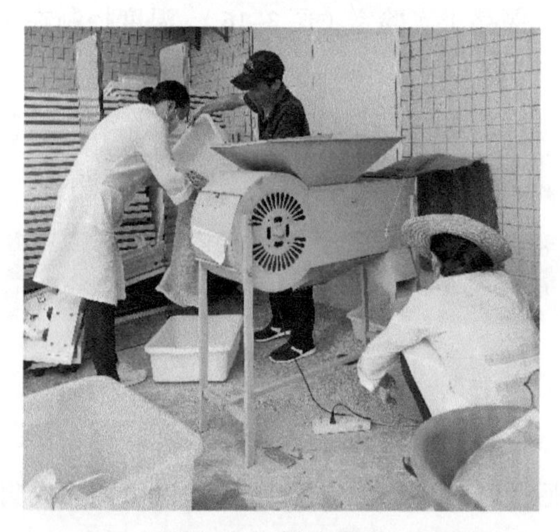

图 3-14　样品风选

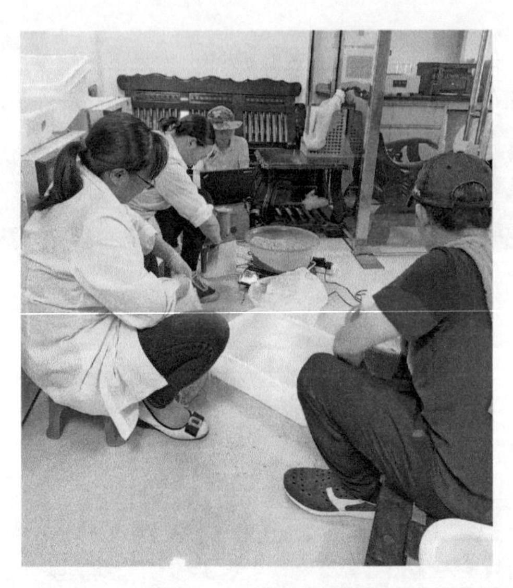

图 3–15　样品处理

（三）样品保存

对样品进行编号，以方便查找。按照编号放于相对密封的塑料盒中，保存于实验室（图 3–16），温度控制在 26℃左右，湿度控制在 70% 以下。

图 3–16　样品的保存

（四）样品处理时限

取样后及时对测产样品进行处理，30 d 内完成测产样品晒干、风选、水分测定和称取重量及出具测产报告。

（五）称重及水分测定

对晒干的样品采用电子称（图 3–17）及时进行称重并记录，同时进行水分测定，采用保险公司配置的电脑水分测定仪（图 3–18）进行水分测定，操作简单，经济快速，结果可靠。

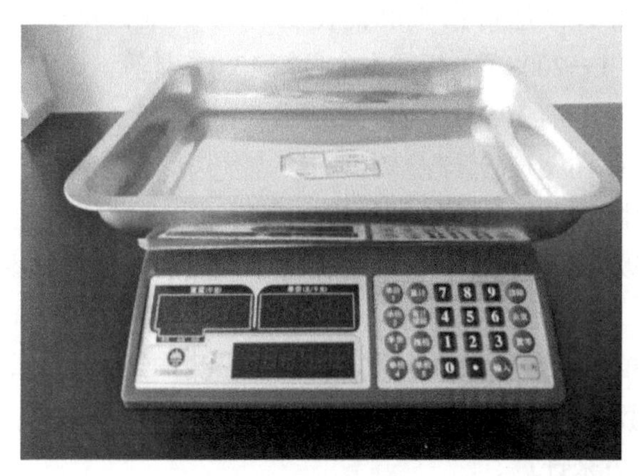

图 3–17　电子秤

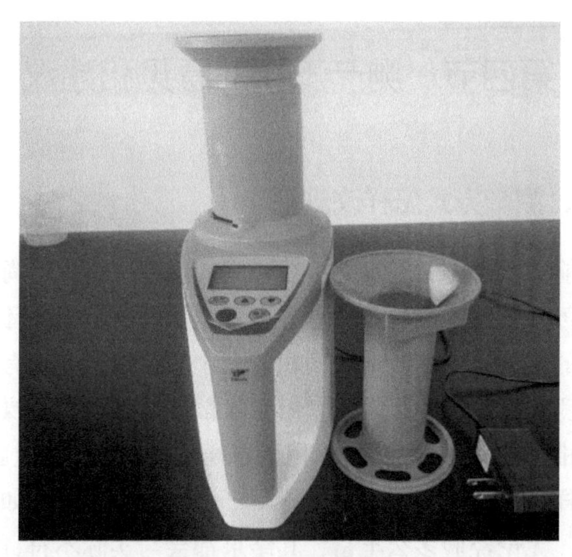

图 3–18　水分测定仪

（六）测产产量计算方法

每亩测产重量＝测产样品重量 ×666.7/ 取样总面积。

测产结果：平均每亩收获产量＝每亩测产重量 ×（1－实测含水量）/（1－标准水含量）。

标准水含量根据“粮食作物种子质量标准——禾谷类（GB4404.1—2008）”，标准水含量按 13.0% 计算。

减产率＝（105 kg－测产结果）/（105 kg×100%），（测产结果保留两位小数）。

其中，样本现场测量长度、宽度以“cm”为单位；样本总面积以“m^2”为单位，数值保留小数点后四位；样本总重量以“kg”为单位，数值保留小数点后 3 位；测产结果产量以“kg/亩”为单位，数值保留小数点后两位；测产结果减产率为百分比值，数值保留两位小数；测产面积以“亩”为单位，每亩按 666.7 平方米计算。

第四节　测产工作的意见和建议

一、测产方式怎样改进？

目前的测产方式基本上按照一定的流程进行，但尚未形成书面的可操作性的流程或者标准来参照执行，且某些环节尚存在一定的缺陷，如测产地块面积的大小等。因此，很有必要制定一个测产操作流程，无论哪组专家都严格按照流程操作，这样将会相对减小测产的误差。因为取样是理论测产的重要环节，选取的样品有无代表性，决定着测产结果是否准确。如果缺乏代表性，无论经验多么丰富，其结果都会与实际不符，甚至会造成一定的经济损失。取样的目的就是要获得一个重量适当的有代表性的供测样品。其中测产地块面积的大小与测产结果有一定关系，测产面积过大，其可靠程度就会越小，要取得一个有代表性的样品就越难，因此测产地块的面积大小要合理。

二、全过程如何监督管理?

测产全过程的监督管理涉及到一系列的管理制度和操作规范。在测产的过程中，可分为5个方面的监管。一是启用专家考核制度。启用此制度后将会约束专家的一言一行，将从思想上、道德风险意识上考核专家。不讲私情，公平公正，专家不允许私自留客户电话。二是过程监管。保险公司与种植户可参与测产过程的监督，但仅限于提供测产客户、测产地块的信息及相关问题的答复，不得干预其专家进行取样等操作。测产的专家作为真正的第三方完成测产的全过程，包括取样、脱粒、晒干、称重、结果计算等，测产专家应对结果的真实性负责。三是记录监管。首先要保证保险公司与专家的记录信息一致；其次，测产专家要保留测产原始数据，以备查证。四是样品监管。在保险理赔业务尚未结束之前，测产专家应对样品保存完好，以备核实查证。五是数据的科学性和报告的及时性。建立规范的操作程序，保证数据的科学性；尽早完成测产报告，保证信息准确及时。

三、如何规避防范保险理赔道德风险?

测产团队专家作为真正的第三方参与测产，除具备专业知识之外，应具有过硬的道德风险意识。在测产之前，保险公司应与测产团队签订道德风险协议书，一经发现有违规事件发生，立即禁止该测产团队或专家参与当年的测产工作；并应将事件告之团队及专家所在单位；情节严重者交由公安机关进行处理。

四、如何提高测产准确度和共识度？

这个问题与测产全过程操作有密切联系。如果制定了测产操作流程，严格按照操作流程进行测产，那么准确度和共识度就解决了。关键点主要包括测产样点的面积大小、样点的布局及取样、脱粒、晒干、风选、结果计算等环节。

五、保险制种水稻品种对种植的环境或区域相关要求有哪些？

在杂交水稻制种过程中，不同的品种对土壤、光照、气温和湿度等有着不同的要求，特别是两系与三系品种区别大。首先，控制面积。可以通过种子协会或地方政府进行引导，组织制种农户以村为点，由制种技术能手牵头，成立制种合作社，对已成熟的品种可按照本地的生产基地面积安排生产任务，不能随意扩大面积，以减少风险；对不熟悉品种特征特性，尚未经过试验的品种，应控制制种面积，以免导致把品种本身的技术风险归于气候灾害风险。其次，增强技术防范措施。必须坚持走技术优先的路子，应由一批懂技术、善经营、能管理的制种技术能手来参与制种，对不懂技术、不懂管理的制种代理人不予参保甚至淘汰。在通过小面积布点试验的基础之上，摸清制种组合的特征特性，梳理出配套的制种技术管理措施，从而选择适宜本地的优势高产品种，及时剔除不适宜区域性生产的品种，实现从技术上把好制种风险第一关。

第四章　测产面对的风险与对策

第一节　自然灾害问题

一、倒伏问题

制种水稻倒伏问题（图 4–1）是结实率高，产量高，也有可能氮肥过量、密度过大、不抗倒伏品种等，再遇到暴雨或者台风天气造成大面积倒伏。

图 4–1　倒伏情况

解决办法：当遇到此情况，倒伏部分无法布点取样，保险人员需利用 GPS 测量工具把倒伏的面积测出来，测产专家根据田块其他未倒伏的水稻进行布点取样，脱粒等工作，按照 45% 的损失率对倒伏面积的产量进去估算其产量。

二、旱灾问题

造成干旱（图 4–2）的原因既与气候条件等自然因素有关，又与人类活动及应对干旱的能力有关。具体可分为以下几个方面。

图 4–2　干旱情况

气候原因：长时间无降水或降水偏少等气候条件是造成干旱与旱灾的主要因素。

地形地貌原因：地形地貌条件是造成区域旱灾的重要原因。

水源条件与抗旱能力不足：旱灾与因水利工程设施不足带来的水源条件差也有很大关系，例如水利工程设施如水库、水井等不足。

遇到此情况，测产专家根据报损面积进行布点、取样、脱粒及对样进行处理等工作，根据收到的稻谷计算其产量。

第二节　人为取样问题

在测产过程中，由于农户及制种商对专家布点、取样有误解，认为专家割其产量最好的制种稻，故他们在报案后对制种田进行踩点并做好标记，他们所选的点即为边角落很差的，或者是大树底下及周围的，或者一整块田中最差的几个点，当专家到其田块进行测产时，不听取专家的取样方案，要求专家按照他们的选点进行取样，从而产生布点及取样的争执。

解决办法：针对此现象，专家们会对农户及制种商进行布点、取样的科学性进行讲解，让其放下顾虑配合布点、取样工作的开展。专家布点、取样是根据报损面积的田块确定布点，要求取样点具有代表性，可在田间按梅花取样法取样，根据面积大小布置不同的取样点，面积 50 亩（不含），取 5 个点；50 ～ 100 亩（不含），取 6 个点；100 ～ 200 亩（不含），取 7 个点；200 亩（含）以上，取 8 个点。既布点会含有长势好的和长势差的，都需要取样。专家们不会挑选最好的取样，也不同意农户及制种商所选择的长势均为差的取样。

第三节　保险纠纷问题

农户及制种商在种植制种稻之前对其田块进行投保，向保险公司购买保险，然后保险人员将对其田块进去 GPS 测量并记录其面积，当制种稻整个生长期到收割时如遇到极端天气，如台风、暴雨、干旱及连续阴雨天气时给制种稻造成极大的危害时，农户及制种商在收割前 3 d 向保险公司报案，保险公司将派遣专家对其制种稻进行测产估算，辅助制种稻的理赔事宜。但时有发生，当保险人员及专家到其制种田时，发现报损面积与投保面积不吻合，即报损面积大于投保面积。

解决办法：发现此现象，保险人员将对制种田的实际种植面积进行现场测量，然后根据现场测量面积进行布点、取样等工作的开展。

第五章　海南制种水稻保险

制种是一项技术含量高、成本投入高的产业，生产过程中不仅会受到水灾、旱灾、台风等危害，而且在生产过程中易受到异常气温、湿度等灾害性天气的影响。如果制种过程出现问题，会直接影响着制种水稻产量。为了更好地帮助稻农规避风险，为了保障农民的种植利益，促进农业生产的健康发展，我国颁布了《水稻保险条例》，实施水稻制种保险制度，水稻制种上了保险。《水稻保险条例》是我国为保障农民合法权益，促进农业生产可持续发展而制定的一部法规，根据条例，政府会在一定程度上对水稻制种过程中遇到的风险进行一定的补偿，使农民不因制种中的自然灾害等因素造成重大损失，同时也利于稳定和提高制种水稻品质及产量，确保国家粮食稳步供给。

第一节　海南制种基地近年主要受灾情况

近年，全球自然灾害频发，气候规律越来越不正常，海南同样不能幸免，受海洋季风气候和厄尔尼诺等现象影响，海南育制种基地每年都有可能因灾减产，有的年份减产幅度很大，损失惨重，异常天气加大了种子繁制的自然风险。

一、2010 年早造制种受灾情况

2009 年 12 月至 2010 年 4 月，海南南部地区气候异常（2009 年 12 月至 2010 年 2 月，气温持续偏高，而 3 月又遭遇两次低温，加上 3 月底至 4 月中旬持续吹干热风），导致海南南部地区部分杂交水稻制种受到严重影响，受灾面积约 3 253hm^2，占南部制种面积的 53%，同比减产 400 万～500 万 kg，约占常

年产量的 28%，直接经济损失达 4 800 万～6 000 万元（按当年种子平均价格 12 元 / kg 计），湖北、湖南、江西、广东、广西和海南 7 个省（区）近 70 家种子企业受灾，涉及品种（组合）近 200 个。

二、2010 年晚造制种受灾情况

2010 年“十一”长假期间，海南遭遇 49 年不遇的持续暴雨天气，海南临高地区晚造制种的前一批次出现穗上芽，后一批次无法喷施“九二〇”导致严重减产，晚造制种受灾面积约有 200 hm^2 。

三、2011 年早造制种受灾情况

2010 年冬至 2011 年春，海南遭遇 50 年不遇的持续低温阴雨寡照天气，造成临高地区杂交水稻制种育秧受到不同程度的损失。据统计，海南临高制种基地和儋州制种基地，第 1 期父本秧苗冻死率高达 65 % 以上，母本也因低温而推迟播种，直接或间接影响早造杂交水稻制种生产面积 1 367 hm^2；而南部的三亚、乐东、陵水等制种基地第 1 批次的制种由于孕穗期遭遇低温，导致恢复系花粉败育，母本结实率很低，减产 50% 左右，仅海南种子企业受损面积就有 733 hm^2。

第二节　受自然灾害影响，制种风险较大

海南冬季气候对杂交水稻制种十分有利，但在夏秋两季，高温、高湿、干旱和台风又常给杂交水稻制种造成重大的损失。5—10 月是杂交水稻父母本生长的关键期，但这时的高温、干风

对父母本的抽穗、扬花有较大的影响，造成父本花粉细胞减数分裂不利，花粉少，母本受精胚胎成活率不高，结实率低，闭合能力差，充实度差，千粒重不足。海南是我国遭受台风、暴雨、洪涝等自然灾害影响最为严重的省份之一。受台风、暴雨侵袭，致使制种田大面积水稻倒伏，稻田被冲被浸，造成很大的减产甚至绝收。另外，海南长夏无冬，各种病虫害一年四季都可以繁殖，特别是高温、高湿的气候有利于病虫害的发生，三化螟、稻飞虱等水稻害虫对海南杂交水稻种子生产的为害比较严重，稻瘟病、纹枯病、白叶枯病等水稻主要病害也经常暴发，每年都给海南的杂交水稻制种造成一定的损失（巫玉平，2013）。

海南（南繁）的水稻制种不仅是全省育制种业的核心组成部分，其产量还在全国水稻制种市场中占据了八成份额，海南作为一个自然灾害（例如台风）多发的省份，南繁制种受自然灾害影响，存在较大风险，生产过程中不仅会受到水灾、旱灾、台风等危害，而且在生产过程中易受到异常气温、湿度等灾害性天气的危害。严重影响了南繁制种安全。海南（南繁）的水稻制种业的发展一直面临着较大挑战。由于自然灾害频发，给南繁制种业造成重大的冲击。南繁的企业与农户通过投保的方式，用保险兜住风险底线。

第三节　海南制种水稻保险发展概况

2012 年，海南保险业创新推出了制种水稻保险，并于当年即被纳入了地方政策性农业保险范畴。不同于以往“保成本”的保险方式，制种水稻保险采取了以“保产量”为主的保障方式。“保成本”目的在于恢复生产，而“保产量”则是着眼于保收益，该方式充分考虑了生产的经济价值，对农民种植风险保障度更高，更能满足种植户的实际需求，解决农户更为关注的经济收益保障问题，进一步促进农户持续种植的积极性（孙文菁，2016）。

一、制种水稻保险的开展情况

制种水稻保险推出之初，发展十分缓慢，2012 年业务未能实现零突破，2013 年上半年的投保率仅为 5 %。经过产品的优化及财政支持力度的加大，2013 年投保面积达 2350 亩，投保率大幅提高到 47%。2014—2015 年，年投保面积变化不大，均稳定在 3 万亩左右，合计提供风险保障 1.32 亿元。2016 年 1—4 月，投保面积超过前 3 年的总和，达到 8.99 万亩，比上年同期增长 179.19 %，提供风险保障 1.67 亿元（李冉等，2013）。

二、财政支持情况

目前海南制种水稻保险主要是由地方财政提供保费补贴。2012 年该险种推出之初，财政保费补贴比例仅为 30%，制种户还需承担较大比例的保费支出，投保能力有限。2013 年，财政保费补贴比例提高至 60%，其中省级财政补贴 40%，市县财政补贴 20%，极大地提高制种户的投保积极性（李冉等，2014）。海南省三亚市财政补贴进一步提高到 40%，即三亚市制种参保户仅需自缴 20%，进一步减轻了制种企业和制种户的负担。

总体来看，制种水稻保险运行 10 年来，制种企业和农户对该保险的认可度大幅提高，投保主动性和积极性显著增强。制种保险制度的建立，一定程度上解除了种植户的后顾之忧，对稳定和扩大南繁制种面积起到重要作用。

第四节 制种水稻保险的动态调整

制种水稻保险试点以来，海南保险业深入了解制种企业和农户的意见建议，不断调整优化产品设计。自启动以来，制种水稻保险先后经历了两次动态调整。

2013 年，制种水稻保险的保障金额由最初的每亩保 1 000 ～ 1 200 元，提高到每亩保 2 200 元，并降低了起赔条款，赔偿标准由原来的亩产量低于 90 kg 提高到亩产量低于 125 kg。同时扩大了责任范围，除常规农业保险承保的暴雨、洪水、热带风暴、雹灾和霜冻等自然灾害以外，将制种面临的主要风险“干热风”等纳入责任范围。2015 年，基于制种保险可持续发展的角度考虑，对相关保险条款费率进行了动态调整。一是设置灵活多样的保额，即由单一保额调整为每亩 1 600 元、1 800 元、2 000 元 3 个档次，由制种户根据自身需要进行选择。二是调整起赔条件，赔偿标准调整为亩产量达不到 105kg，起赔的风力标准调整为 5 级。三是适度调整相关费率，保险费率微调至 10%，同时免赔率设为 20% 。

海南具有全国独一无二的热带气候资源，有利于缩短育种周期、加快种子的更新换代，在全国粮食制种业中具有举足轻重的地位，利用海南特殊的自然条件在冬季加代繁殖和选育，新品种的选育时间缩短 1/3 ～ 1/2，大大加快了品种选育进程。全省规划优势农作物育制种基地 12 667 hm^2，为各类作物优良新品种的研发提供了优越条件，已成为国内农作物品种选育的重要基地，是现代农业科技创新和新品种选育的“助推器”（钟兆飞，2014）。海南被誉为“优良种子的摇篮”。但制种易受天气影响、抗自然灾害风险能力差的特点，开展制种保险显得尤为重要。2012年，海南保险业推出了制种水稻保险，在一定程度上消除了制种户的后顾之忧，推动了南繁制种业的快速发展。

第五节　海南人保财险——水稻制种保险给农企吃上“定心丸”

人保财险水稻制种保险可为制种企业提供良好的的保险保障，从人保财险保险责任来看，涵盖了常见的自然灾害天气，还包括连续阴雨、气温异常造成的穗上发芽、纯度下降等情形，能最大程度解除制种企业的后顾之忧。作为国家战略性、基础性的制种产业位于农业生产的上游，是决定现代农业发展好坏的核心要素。农作物良种的培育和应用，对提高农业综合生产能力、保障农产品有效供给和促进农民增收有着非常重要的作用。

2013年，人保财险海南省分公司在全省开展水稻制种保险的试点工作，为在海南南繁制种企业与农户提供保险经济保障。2019年是中央财政补贴三大粮食作物制种保险落地实施的第一年。为贯彻落实人保财险总公司的工作部署，人保财险海南省分公司积极谋划做好南繁水稻制种保险工作，大力配合全省各级政府做好业务对接，按保险行业制定的保险示范条款，广泛征求省农险办、省气象科学研究所、海南大学、海南种子站等有关方面专家以及萍乡种子协会等企业代表的意见，经反复修改完善，在乐东、东方、三亚、陵水、昌江、临高等市县开展承保工作。投保的企业与农户缴交的保险，由中央财政补贴40%，省级财政补贴25%，市县级财政补贴10%，企业与农户只需缴交保费的25%。

春季水稻制种由于温差大以及季风带来的降雨变化无常，对水稻制种产量影响很大，有不好的年景甚至是颗粒无收。为降低水稻南繁制种的自然风险，2013年，海南省财政厅、农业厅联合人保财险海南省分公司，在全省开展南繁水稻制种保险，并将该险种纳入了政策性农业保险范畴，凡投保的企业与农户，可获得中央财政40%；省级财政25%；市县财政10%的保费补贴，投保者只需缴交10%保费。

人保财险海南省分公司农险部总经理杨国锴介绍，水稻制种保险很受企业与农户欢迎，自2013年开办水稻制种保险以来，承保南繁育种的企业与农户制种水稻面积累计达61.11万亩，收入保费1.7亿元，支付保险赔款金额累计3.06亿元，赔付率高达179.44%，取得了明显的社会效益，有力保障了水稻制种产业稳定持续发展。

人保财险海南省分公司开展水稻制种保险，有力推动了全省南繁制种水稻产业发展。据相关资料介绍，2018年，中央决定支持海南全岛建设自由贸易试验区，海南“南繁硅谷”建设加快发展。海南省自2018年建立南繁水稻制种保险以来，保险产品得到不断优化，涵盖了常见的自然灾害天气带来的损失，还包括连续阴雨、气温异常造成的穗上发芽、纯度下降等情形，保险覆盖率不断提升，有效解除了种植户的后顾之忧，对稳定和扩大南繁制种的面积起到了重要作用。

2020年2月24日，人保财险海南省分公司签发了本年首笔水稻制种保险保单，承保东方市感城镇农户何柏洋制种水稻460亩，收到保费16.56万元，提供保险保障金额为92万元，拉开了海南全省水稻制种保险序幕。目前，该公司正认真贯彻落实《当前春耕生产工作指南》，全力做好全省春季水稻制种保险承保工作。

据统计，自 2018 年 1 月至 2019 年 4 月，海南全省投保春季水稻制种保险的企业与农户，种植面积有 12.35 万亩遭受灾害损失。人保财险海南省分公司支付保险赔款金额累计达 10 276.34 万元。保险充分发挥了强有力的保障作用（农民日报，2020）。

第六节　南繁制种水稻的制种保险机制

由于各地区的制种水稻情况不同形成制种保险机制不同，四川绵阳形成了“政府 + 企业 + 农户”的制种保险机制。像四川国豪这样的优秀种企在保险的全过程中起了很重要的作用了。福建建宁的保险机制也很有特点，由于经纪人制度的发展形成了“政府 + 企业 + 经纪人 + 农户”的制种保险机制。海南的南繁制种水稻的保险机制分为两种：一是“保险公司 + 协会 + 农户”。2016 年水稻制种保险共 220 户通过南繁制种分会投保 78 户，占比 35.6%。水稻制种保险总投保面积 90 771 亩，南繁制种分会投保面积近 79 000 亩，占比 87%。基本覆盖到全部会员及基地。2013 年南繁制种分会成立，2013 年 4 月“南繁水稻制种保险第一单”就是在协会的配合下促成的。二是“保险公司 + 农户”的制种保险机制。由于 2013—2016 年看到了保险的理赔效果，直接参保出现农户逐年递增的趋势。海南的南繁制种水稻保险过程中协会发挥了很重要的作用（吕青等，2018）。

第七节　制种保险存在的问题

一、存在问题

（一）配套资金短缺

海南省为落实国发〔2011〕8号、中央一号文件等精神，实施了一系列税收优惠政策，同时各级政府为全省制种保险保费补贴60%，海南各级政府提供的水稻种植保险保费补贴为75%，部分市县的保费补贴比例甚至达到100%，比水稻种植保险高出15%。

（二）保险风险分担机制不充分

灾害一旦发生，由于制种水稻生产风险比大田种植水稻更大，造成的损失远远超过种植水稻损失。我省从2013年至今陆续5年开展了制种水稻种植保险，保险赔付近亿元，赔付率高达337%。由于水稻制种保险风险过大，风险又不能很好的分散，对保险公司参保的积极性产生了不可忽视的影响。

（三）种业保险参与机制不够完善

在以往制种保险的实践中，首先投保时信息是不对称的，农户掌握了更多的种植技巧和种植规律，而保险公司却没能掌握这样的规律，所以在投保过程中，一些农户将避开风险低的地方进行投保，风险高的地方就基本上全部投保，缺乏科学合理约束机制，投保时出现选择性投保等逆选择现象。这样对保险公司来说在信息不对称的情况下是不公平的，增加了保险公司的理赔概率，容易导致保险公司承担风险过大的现象发生。

另外，有少数制种企业利用制种田进行投保，灾后向保险公司索赔骗取保险的经济补充，有些大户签投保选择订亩产值保底的合同，影响了种业保险惠农政策效果的发挥。

二、对策分析

（一）将南繁水稻制种保险有必要纳入国家政策性保险

首先，南繁制种这一环节涉及国家粮食安全，是农业的根基，地方财力有些保险的配套资金严重不足，是十分不利于南繁制种产业和相关农业保险行业的发展，建议不低于40%保费比例由中央财政补贴。其次，需要由政府、保险公司、企业和农户一起建立合理分担机制。最后，比例也要相对合理，建议建立中央补贴：地方配套：制种企业：农户为4∶3∶2∶1的制种水稻保费的合理来源比例。

（二）完善种业保险参与机制，建立种业保险风险分担体系

首先，根据实际情况，把风险分散作为基本原则，确定制种保险政策实施的合理区域，以便于最大程度上有效地减少运营风险。其次，将制种保险作为一种强制性保险，将实施制种保险政策区域内参与制种的企业委托生产的制种田全部投保，并且采取合同备案制度，与其有委托关系的所有生产者签订保底合同并备案。最后，建立种业保险的巨灾防范机制和商业再保险机制，探索依托农业保险建立巨灾防范基金（吕青等，2018）。

第六章　制种水稻质量的管理

质量是企业的生命，种子质量更是种子企业赖以生存和发展的基础。《农作物种子质量标准》中把纯度、净度、发芽率和水分列为种子质量评定的四大硬性指标，这四大硬性指标都完全符合部颁标准种子才能上市交易。而种子质量的控制贯穿于杂交水稻种子生产的全过程，在该过程中牵涉面广，要保证种子质量，难度非常大。如何保证杂交水稻种子质量，增强企业的市场竞争力，成为生产水稻种子的各大公司努力探讨的重要课题。笔者认为，抓住杂交水稻制种的各个环节，应用全面质量管理强化种子质量控制，是确保杂交水稻种子质量的一种有效方法（晁逢春等，2006）。

第一节　影响杂交水稻种子质量的环节和因素

一、原种质量

制种亲本可以说是种子的种子，是保证杂交水稻种子质量的基础。如果制种亲本种子不纯，以后的各个环节控制的再好，也难以生产出高质量的杂交水稻种子。因此，杂交制种的亲本都必须使用原种。

二、田间隔离

据报道，水稻花粉在相距 25 m 时，自然异交率为 2.7% ～ 6.3%；相距 30 m 时自然异交率为 0.8% ～ 0.9%；相距 40 m 以上，才能杜绝异种花粉自然杂交，即自然异交率为 0。在生产上应严格进行异种花粉隔离，避免串粉，影响种子纯度。制种隔离。水稻花粉粒小而轻，能随风飞扬，花粉的传播距离很远，在风力较大的情况下，可传播几十米，甚至超过 100 m。

（一）空间隔离

利用空间距离进行隔离，一般利用山丘、河川、房屋等和种植非水稻作物等作为隔离区。

（二）时间隔离

在隔离区内，种植非制种父本的水稻品种的始穗期须早于或迟于制种母本始穗期 20 d 以上。

（三）父本隔离

在隔离区种植与制种相同的父本品种，要求父本种子纯度在 99.5% 以上。

（四）屏障隔离

屏障隔离就是用障碍物和高秆作物做隔离。

三、制种田间去杂

尽管原种质量再高，种子纯度再纯，但是在种子生产当中，播种时父、母本种子少量混杂、栽插时父、母本栽错、前季落谷再生极可能出现的自然变异，都可能会使父、母本中出现异型株和变异株等，对制种质量造成严重影响，进行田间严格多次去杂是保证杂交水稻种子质量的重要措施。

（一）气候条件

一般情况下，成熟度高、籽粒饱满的种子发芽率高、发芽势强。低温和弱光使秕粒增加，高温在水稻乳熟前期（抽穗后 6 ～ 10 d）和乳熟后期（抽穗后 11 ～ 15 d）严重影响种子千粒重，乳熟后期受害较乳熟前期重。适宜的气候条件能够使种子正常成熟，籽粒饱满，千粒重增加，种子的发芽率和发芽势从而能得到有效提高。

（二）收获、储藏

杂交水稻生产是收取母本植株上结的杂交种子，父本结的种子混入杂交种子当中也是造成杂交种子纯度降低的一个重要原因。在收获时，父本种子混入杂交种子中影响杂交种子纯度；杂交种子成熟度不够，晾晒不及时，会影响杂交种子发芽率；在储藏时，虫子为害和仓储设施水分超标，也会影响种子质量。

（三）机械混杂

在收、运、脱、晒等操作中，各种运输、脱粒、晾晒、烘干及加工机械和用具，可能因用过其他品种后谷粒清理不清，造成不同品种种子的混杂。

（四）人为混杂

在储藏过程中，因不同品种种子摆放混乱、标签不明，导致不同品种种子混杂及发货时发错种子的现象也时有发生。

（五）精选、加工

种子质量的一个重要指标是种子净度和含水量。对种子精选加工的好坏直接影响着种子的净度和种子出售时的含水量，做好精选加工工作，是种子上市前非常重要和关键的一步。

第二节　全面质量管理内涵

最早提出全面质量管理概念 TQM（Total Quality Management）的是美国通用电器公司质量管理部的部长菲根堡姆（A.VFeigenbaum）博士。1961 年他在《全面质量管理》一书中强调，执行质量只能是公司全体人员的责任，应该使全体人员都具有质量的概念和承担质量的责任。随着生产力和国际经济贸易的发展，国际标准化组织为了促进全球贸易的发展颁布了IS09000族系列标准，在该标准中对全面质量管理的定义为：一个组织以质量为中心，以全员参与为基础，目的在于通过让顾客满意和本组织所有成员及社会受益而达到长期成功的管理途径。通过近年的发展，有关研究人员把TQM基本思想归结为“四全管理”，即全面质量、全过程、全员参加、全面综合运用各种有效现代管理方法的质量管理。由于影响杂交水稻种子质量的环节和因素比较多，而且一环扣一环，所以杂交水稻种子质量的控制非常适合应用全面质量管理体系进行管理。

第三节　全面质量管理在制种水稻种子质量上的应用

一、杂交水稻种子全面质量的管理

全面质量管理强调的是动态质量，始终不断寻求对产品质量的持续改进，向理想的产品“零缺陷”目标靠近。从国家对杂交水稻种子的要求，杂交水稻种子的全面质量可简单归结为4个方面，即纯度、净度、发芽率和水分。国家水稻种子标准规定，原种种子纯度不低于99.9%，净度不低于98.0%，发芽率不低于80%，水分不高于13.0%；杂交种一级水稻种子纯度不低于98.0%，净度不低于98.0%，发芽率不低于80%，水分不高于13.0%；杂交种二级种子纯度不低于96.0% ，净度不低于98.0%，发芽率不低于80%，水分不高于13.0%。可见，国家对杂交水稻种子的质量是有最低质量标准要求的。在对杂交水稻种子质量进行全面质量管理时，杂交水稻种子最终质量必须保证各项质量指标不低于国家的最低质量标准，通过对种子生产全过程的控制，实现杂交水稻种子质量的持续提高，确保杂交水稻种子在第 2 年大田生产过程中不会出现任何问题，达到客户满意、种子公司受益的双赢目的。

二、杂交水稻种子生产全过程的质量控制

从影响杂交水稻种子质量的环节和因素来看，在杂交水稻种子生产过程中，只有对每个技术环节和影响因素进行严格控制，才能确保杂交水稻种子质量，也只有对每个技术环节和影响因素进行管理和技术上的持续改进，杂交水稻种子质量才能持续提高。

（一）保证杂交制种的亲本的纯度

纯度都是达到 99.9% 的原种。原种的生产一般应由育种单位进行，搞好原种的提纯复壮，以保证原种的典型性。目前国家已出台《籼型杂交水稻“三系”原种生产技术操作规程》（GB/T 17314—2011）、北京市出台《粳型杂交水稻“三系”原种及杂交种生产技术操作规程》（DB 111 /T 234—2004），在进行原种生产时，应严格按照原种繁殖的操作规程去做，使繁殖出的原种达到国家对原种质量的要求，为杂交水稻的制种打下良好基础。

（二）做好田间隔离，避免串粉，提高杂交水稻种子纯度

田间异品种隔离有空间隔离、时间隔离、父本隔离及障碍物隔离 4 种方法。空间隔离即利用空间距离进行隔离，山区、丘陵地区隔离区应在 40 m 以上，平原地区隔离区应在 100 m 以上；时间隔离应保证制种田的扬花期同其他品种的花期错开，

花期相差 20 d 以上；屏障隔离的隔离屏障高度应在 2 m 以上，同时保证隔离距离在 30 m 以上；父本隔离是在制种田四周 50 m 范围内的田块，种植父本品种作隔离。为了保证隔离效果，应当因地制宜地将几种方法综合运用。不过，目前生产上应用最多的则是采用空间隔离和时间隔离相结合的方法。

（三）做好田间去杂，确保杂交水稻种子纯度

杂交水稻制种去杂必须要做到及时、彻底和干净。在播种至孕穗期间，根据父、母本生长形态进行去杂，把与父、母本颜色不同、株型不同、高矮不同的植株以及其他变异株彻底清除；在去杂的关键时期即抽穗初期，要除去混杂在父、母本中的异品种（尤其是保持系）、变异株及早抽穗植株；在授粉期，关键是要去除不育系中的保持系；在收获前的乳熟期，还要清查 1 ～ 2 次，把漏除的杂株全部拔除。经过多次去杂，力争在田间找不到任何杂株，从而保证杂交水稻种子纯度。

（四）选择适当的播种时间和播差期，做好花期预测

准确调节花期，确保花期相遇和抽穗期天气良好。花期相遇良好并在适宜的天气条件下抽穗扬花，能够提高制种产量和籽粒饱满度，并有利于杂交水稻种子的收获、晾晒和储藏，这对于提高杂交水稻种子的发芽率、控制种子水分和保证储藏安全大有裨益。不同组合的水稻品种在不同地区制种时，要做到花期相遇良好并在合适的时间抽穗扬花，播种时间和播差期都会有所不同，所以当一个新的组合在一个新的地区制种时，都要做一系列的播种时间和播差期试验，以确定在当地该组合制种合适的播种时间和播差期，这是确保父、母本花期相遇的“大调”措施。

此外，由于年际间气候的变化、播种质量以及管理水平的

不同，在以前确定的适宜播种时间和播差期况下播种，父、母本的发育进程会有所改变，最终导致父、母本花期不能良好相遇，这时就要在父、母本移栽到大田 20 d 后，采取偏施氮或磷钾肥、灌水、晒田或在抽穗期喷施“九二〇”等措施进行父、母本花期调节，以确保父、母本花期相遇，这后来的花期调节措施也可以称之为确保父、母本花期相遇的“微调”措施。

（五）防止机械混杂，确保杂交水稻种子纯度

在杂交水稻种子收、运、脱、晒等操作中，应提前将运输、脱粒、晾晒、烘干、加工机械和用具等清理干净，避免这些机械和用具中残留的异品种的种子混杂到收获的杂交水稻种子中，影响种子纯度。同时，在收购农户的种子时，实行单收、单放和分户抽取封存样制度。对每户的种子经检验合格后，才能混合加工。

（六）做好杂交水稻种子精选加工工作

提高种子净度并把种子含水量控制在安全范围之内，目前，对种子的精选加工完全可以通过现代化的机械设备对种子进行干燥、脱粒、精选加工、分级、包衣、称重、包装等自动化操作。这时提高种子质量的措施关键是优化现代化机械设备的操作参数，提高机械效能，进而提高种子的质量。

（七）做好入库储藏工作，严防人为混杂

在储藏过程中，不同品种和同一品种不同批次的种子要分别摆放，中间有明显的隔离标记，种子包装的内外均应有一个标明名称、产地、年代、重量、编码的标签，以供日后查证，避免不同品种种子混杂在一起，影响种子质量，也便于建立种子质量追溯制度。

（八）建立种子质量档案和种子质量追溯制度

从种子生产的亲本来源开始，对所有生产操作环节、检验程序以及种植年份、产地甚至农户的所有信息都详细记录在案形成质量档案，并对每袋种子进行编码，通过编码和种子质量档案的结合，可以查找每一袋种子的所有信息。一旦种子出现质量问题，就能找出原因，分清责任，对进一步提高质量起到促进作用，实现杂交水稻种子质量的持续改进。

第四节　全员参与制种水稻种子质量的控制

杂交水稻生产涉及的环节如此之多，其中任何一个环节，任何一个人的工作质量都会不同程度地直接或间接地影响着杂交水稻种子质量。因此，从种子公司的高层管理人员，再到生产技术人员，直至到各个制种农户，只有做到人人有责，人人关心种子质量，人人做好本职工作，全体参加质量管理，才能生产出质量越来越高的杂交水稻种子。

运用各种有效管理手段，促进杂交水稻种子质量持续提高。在影响杂交水稻产量的诸多因素中，可以看到既有气候因素，又有人为因素；既有技术因素，又有管理因素，要把这些因素都控制好，就必须根据不同情况，综合灵活运用多种现代化管理手段来进行杂交水稻种子质量控制工作。例如，可以运用现代统计方法，控制田间杂株比率；运用因果图、排列图、控制图，分析不同生产阶段影响种子质量的不同原因，在不同生产阶段控制种子质量；运用六西格玛法，实现种子质量的持续改进。

著名质量管理专家朱兰博士指出，过去的20世纪是生产率的世纪，而21世纪则是质量的世纪。杂交水稻种子生产关系到种子质量的优劣，种子质量关系到种子企业的声誉和效益，运用全面质量管理这种新的经营哲学确保杂交水稻种子质量，实现杂交水稻种子质量的持续改进，必将提高种子企业的市场竞争力，推动种子企业的快速发展。

第七章　制种水稻栽培管理

首先，是制种基地的选择。杂交水稻制种技术性强、物资投入高、风险性较大，在基地选择上应考虑是否具有良好的稻作自然条件和人文条件。在自然条件方面应具备土质肥沃，耕作性能好，排灌方便，旱涝保收，光照充足，春夏季一般无极端高、低温度出现；稻田较集中连片；无检疫性病虫害。在耕作制度、道路交通、经济状况和群众基础等人文条件也应是制种基地选择的重要条件。早、中熟组合的春制基地宜选在双季稻区，迟熟组合的夏制宜选择在中稻区。其次，是制种季节的安排与扬花授粉安全期的确定。制种稻“三期”的安排，父母本播种差期安排与预测技术，父母本花期相遇调节技术。

第一节　制种水稻栽培技术要点

杂交水稻制种核心技术就是确保父母本花期相遇，花时协调，完成父本花粉在母本柱头上顺利萌发异交结实的过程。首先介绍几个概念：父本是指提供花粉的恢复育性的水稻品种；母本是指花粉败育、不育，但其花器柱头正常可以接受异品种花粉并发育结实的水稻品种；播种期是指播种时间；播抽期是指播种到抽穗扬花的天数；播差期是指不同播种时间的期差天数。水稻的异交栽培最核心、最主要的技术是要求父母本花期能够相遇，花时能够协调，异花能够授粉。所谓花期理想相遇，一般而言是“头花不空，尾花不丢，盛花相遇”，其中关键技术是调控父本花期，使其全包母本花期，即“父包母”。盛花相遇是指父本的盛花期能与母本的盛花期完全相遇。确保杂交水稻制种父母本花期相遇的技术主要靠以下 3 点来达到：一是安排好制种整个父母本的播差期，这是保证杂交水稻制种花期相遇的基础；二是使用专业的水稻异交栽培和植物生长激素调控等技术管理措施，这是确保杂交水稻制种高产稳产的技术保证；三是花期的预测与调节，这是出现制种花期不遇的纠偏措施和保障方法。一般父本与母本的花时不一致；父本花时早，10:30 即可达到开花扬粉，而母本花时迟，迟滞到 12:00，颖壳才张开，柱头外露，进入开花期。为了协调花时一致，采用上午对母本赶露水，提高母本穗层温度，喷洒赤霉素、硼等植物激素、微肥来提高母本柱头外露率和母本柱头生活力，11:00 后再人工赶花粉等措施来解决花时协调的问题（向关伦等，2006）。

杂交水稻制种由于父母本播抽期的不一致，大部分父母本不能同时播种。父母本播种时间的差异就是父母本播差期。父本生育期比一般母本要长。所以大多数组合都先播种父本。一般播两期父本，即播两批次父本。第二期父本播差期为该品种全花期的 40%。如果父本花期全程 15 d，播差期最好采用 5 d。这样可以提高田间两期父本盛花期重合的花粉密度，提高异交结实率。父本的播种期应考虑父本抽穗扬花必须在安全范围内。即在父本扬花授粉期，田间应具有适宜的温度湿度条件。父母本的播差期是根据父母本的播抽期及父母本生育特性（植物生长的感光性、感温性、营养生长性）和父母本理想花期相遇的播抽期标准来确定的。不同品种组合，甚至于同一品种组合在不同的年度，不同的地域，不同的海拔高度制种其播差期均有差异。要对该品种组合的父母本进行长期的生产观察试验，详细了解亲本材料在不同的地域，不同的海拔高度的播抽期和生育特性的变化规律。在此基础上，可采用播种时差法、叶龄差法、积温差法来计算确定父母本亲本材料的播抽期。父母本花期预测的方法比较多，常见方法包括：播始期时差天数法、幼穗剥检法、叶龄余数法、积温推算法等。父母本花期不遇时应进行花期调节。花期调节的作用表现在促进生长发育，提早抽穗或者缩短花期以及延缓生长发育，推迟抽穗和延长花期。提早或延缓水稻生长发育常用调节方法有：农技栽培措施法、肥水调节法、钾促氮控法、赤霉素、多效唑等植物生长激素调控法、硼肥等微肥保护延长花期法、割叶等机械损伤法等方法。最好的措施是提早发现花期不遇，及时采用农技措施法、肥水调节法、钾促氮控法、喷施赤霉素等积极调控法来确保花期相遇。多效唑、机械损伤等方法会导致制种减产严重（王昭，2018）。

第二节　选择制种田块

根据隔离条件要求，选择水源好、排灌方便、阳光充足、病虫害少、土壤肥沃、交通便利的大面积成片田块，特别注意没有水稻的植物检疫对象，如细条病、白叶枯病和细菌性条斑病等。选择上季非种植水稻田块，减少落地谷对种子纯度的影响；还要综合考虑土壤肥力、排灌、交通及是否具有良好群众基础等因素（李军等，2023）。

土壤按质地可分为砂土、壤土和黏土三大组类。土壤的本质特征是具有供应植物生长能力的有机物和无机物的不同粒度复杂混合体。优质的微生物群落以及良好的团粒结构性是土壤肥力的基础。土壤肥力是植物生长的最重要的因素之一。土壤肥力是指土壤能够持续地、适时适量地供给并协调植物生产所需的养料、水分、空气、温度、扎根条件和无毒害物质的能力。土壤肥力包括人工后天的肥力和自然先天的肥力。水、气、肥、热、微生物是土壤的主要肥力因素，它们之间的相互作用决定了土壤的肥力。水稻土又是耕作土里的一种特殊土壤。它具有水旱交替的沼泽土的特点。水稻土壤体系是一种复杂的近似于沼泽的湿地生态系统。一般在我国南、北方的稻作区都大量存在这种土壤。其中南方部分地区水稻土已经有长达 3 000 年以上的耕作历史。

杂交水稻制种区应选用紧挨水源，排灌方便，保水保肥的稻田落实基地。平板大块稻作田、冷浸冬水田、不保水的望天田、锈水田、山荫田、烂泥田、盐碱田、新开田和病害重的田都不宜作制种田。平板大块稻作田由于处平坝，地势低下，土壤质地粘重，长期泡水，土壤氧化还原电位较低，容易发生坐蔸等水稻冷浸病害；平板大块稻作田块面积大，田间通透性差，不利于异交结实；加上制种环节的田间管理方式一般都是高水平水肥管理，大水大肥条件下，平板大块稻作田易于受到稻瘟病、稻飞虱等病虫害的袭击，因此不宜选择作为制种田块。不保水的望天田，水的管理和灌溉难以保证制种生产的需求，所以也不宜选择作为制种田块。具有长期稻作历史的二埼田多处于自然坡度不大于 5° 的梯田区，其中排灌方便，保水保肥的向阳田是制种优质田块。这类稻作区一般都有山塘可以保障灌溉，加上不易长期积水的地形优势，其土壤氧化还原电位高，通透性好，通风向阳，有利于迅速提高穗层温度，有利于水稻制种异交结实，是比较适宜于杂交水稻制种的土壤或田块（王昭，2018）。

第三节　制种季节安排

生态条件对杂交水稻制种产量影响很大，特别是田间温湿度对母本异交特性及父本散粉特性有很大影响。杂交水稻制种扬花授粉期气候条件的安全、制种季节的安排在不同稻作区域不同。长江流域双季稻区有3种类型：春制、夏制、秋制。在长江流域以北及四川盆地的稻麦区和北方粳稻区安排夏制。华南双季稻区（两广、海南和赣南地区）虽然温光条件好，但是考虑到台风、降雨、夏季高温等因素的影响，适宜春制（主要在海南）和秋制（主要在两广和赣南）。湖南7月高温，“火南风”威胁授粉期安全，秋季“寒露风”影响制种产量及种子质量。湘东及湘中地区宜三系春制；湘西地区夏季气候因素有利于母本异交结实，种子成熟期昼夜温差大，种子饱满、色泽好，适宜夏制。湘南地区以春制为主，秋制常因“台风”影响制种产量与质量，不如春制安全。通过30多年的制种实践，形成了七大优势制种区，即湘西南和桂北（雪峰山脉）制种区、湘东南和赣中西（罗霄山脉）制种区、闽西北（武夷山脉）制种区、四川和重庆制种区、桂南和粤西南制种区、江苏盐城制种区、海南南部制种区。4个适宜制种季节为春制（双季稻区早季制种）、夏制（一季稻区一季制种）、秋制（双季稻区晚季制种）、冬制（海南南部冬播制种）（肖层林等，2010）。

扬花授粉期应选择有利于父本散粉，提高母本异交结实率的天气条件。保证花粉与柱头具有较长时间的生活力。制种安全抽穗扬花的天气条件是：扬花授粉期内无连续3 d以上的整天阴雨；日平均温度26～28 ℃，最高气温不超过35 ℃，最低气温不低于21 ℃，昼夜温差8～10 ℃；田间相对湿度80%～90%（田全国等，2005）。

第四节 制种稻“三期”的安排

“三期”指正确的播种期、适时的插秧期和最佳的抽穗扬花期。其中选择父母本最佳的抽穗扬花期，使花期相遇，是关系到制种产量高低和成败的关键。

一、选择最佳的抽穗扬花期

根据制种地气候条件，确定最佳的抽穗扬花期。制种要把抽穗扬花期安排在气温、湿度适宜，雨水较少的季节，没有连续 3 d 以上的雨天。制种父母本的抽穗扬花期安排，不仅要考虑开花天气的好坏，而且必须使母本幼穗发育敏感期处在导致稳定不育的时期内。制种地要先观察母本的育性转换时期，在稳定的不育期内选择最佳开花天气，即最佳抽穗扬花期。同时要选择开花期避开最高温的时间。其母本的临界不育起点温度 23.5 ℃，对温度的敏感时期为抽穗前的 8 ～ 20 d 即在抽穗前的温度的敏感时期保证气温稳定在 23.5 ℃以上。

二、父母本播种差期

根据父母本各自的生育特性，最佳的抽穗扬花期确定后，播种期，按照父、母本的播始历期，从抽穗扬花期往后倒推算出合理的播种期，保证花期相遇和育性安全。南繁制种中，先播父本，可在 1 月上旬至 3 月上旬播种，4 月下旬至 6 月下旬抽穗，播种至始穗日数 98 ～ 100 d 改叶片数 18 ～ 19 叶；母本在 1 月下旬至 3 月下旬播种，播种至始穗日数 63 ～ 65 d 改叶片数 12 叶，与父本播种时差为 20 ～ 23 d 叶差为（8.5±0.3）叶。

三、插秧期

在安排好最佳抽穗扬花期和播种差期的基础上，适宜龄秧期栽插，能使秧苗在本田有足够的营养生长期，以利于长出一定数量的根系和分蘖叶片，为下一阶段的幼穗发育、抽穗结实等生殖生长奠定基础。父本采用集中育秧，以便秧苗生长整齐一致，7 ～ 8 叶龄移栽。母本秧龄 18 ～ 22 d 叶龄 5 叶左右移栽（向关伦等，2006）。

第五节　父母本播种差期安排与预测技术

父母本的生育期除由父母本遗传特性决定外，还受气候变化、土壤性质、秧苗素质、秧龄长短、插秧深浅、肥水管理等因素的影响，往往使父母本的抽穗期比原计划提早或推迟，造成花期不遇或不能全遇。必须在原先安排的播差期基础上，认真搞好花期预测，及早发现问题，及早采取调节措施，以达到花期全遇的目的（向关伦等，2006）。

父母本花期能否相遇是杂交水稻制种成败的基础。20 世纪 70 年代所配杂交组合的父母本生育期相差大，使得父母本花期相遇难度大。由此重点围绕父母本生育期温光特性、叶片生长特性、幼穗分化发育特性开展研究，提出了父母本播差期安排的“叶龄差法、有效积温差法、播始历期差法”，并分析了 3 种安排方法的实用性，进一步指出“以叶龄差法为基础，以有效积温差法和时间差法作调整”的应用原则。但是，在制种过程中尽管按以上方法安排父母本播差期，由于亲本生育期除主要受光、温条件影响外，还受秧龄长短、秧苗素质、肥水条件、栽培管理等因素影响，常使父母本花期不遇或相遇不理想。其方法有“幼穗剥检法、叶龄余数法、对应叶龄法、幼穗与颖花长度预测法、叶龄对应法、双零叶法、葫芦叶预测法”等花期预测方法，其中最基本的方法是幼穗剥检法和叶龄余数法。“幼穗剥检预测法”简便、直观、可靠，被广泛采用，成为预测父母本花期的主要方法（胡前毅，2001）。

第六节　父母本花期相遇调节技术

根据父母本之间生育特性的差异和对水、肥等敏感程度的差异，在花期预测的基础上，采用多种栽培措施，改变父母本的生育进程，从而保证花期相遇。经过花期预测，如果发现父母本花期相差 3 d 以上，就应采取措施，进行花期调节，调节花期宜早不宜迟，以促为主，促控结合（向关伦等，2006）。

父母本花期相遇程度，决定制种产量的高低。在 20 世代 70 年制种技术摸索阶段，认为父母本同期抽穗就是花期相遇。80 年代初期进入杂交水稻制种配套技术研究阶段，将父母本花期相遇的程度分为 4 种类型：一是花期理想相遇，即“母本头花不空，父本尾花不丢，父母本盛花相逢”，其中关键是父母本盛花期相遇。二是花期相遇，即以父母本理想花期相遇为标准，若父本或母本的始穗期比理想花期相遇标准早或迟 2 ～ 3 d，父母本的盛花期能够大部分相遇。三是花期基本相遇，即父本或母本的始穗期较理想花期相遇早或迟 3 ～ 5 d，父母本的盛花期只有部分相遇。四是花期不遇，即父本或母本的始穗期比理想花期相遇早或迟 6 d 以上，父母本的盛花期基本不遇，仅有父母本的始花或尾花相遇，甚至父母本花期完全不遇，制种产量极低甚至失收。

早熟不育系与早熟型恢复系制种，理想花期相遇标准为父本始穗期应比母本迟 2 ～ 3 d；与迟熟型恢复系配组制种，理想花期相遇标准为父本始穗期比母本早 1 ～ 2 d；与中熟型恢复系制种，理想花期相遇标准为父母本同期始穗或母本早 1 d 始穗。要使杂交水稻制种父母本花期相遇理想，在确定父母本播差期后，还必须依父母本的抽穗、开花特性，在父母本幼穗分化前期进行花期预测，根据预测结果，对照父母本花期理想相遇标准，及时采取协调技术。

20 世纪 80 年代初期，研究了父母本花期调整技术。第一，农艺措施调节法。采用割苑再生、割叶、深中耕等措施推迟亲本生长发育，这些措施在幼穗分化Ⅲ期前进行，并配合施用氮肥，获得较理想的调节效果；对父本采用“旱控水促法”，在幼穗分化期排水晒田，控制父本发育，在中后期灌深水层，促进父本发育；对亲本实施“氮控钾促”法，在幼穗分化前期重施氮肥，延缓群体营养生长期；重施钾肥（如氯化钾、磷酸二氢钾等），促进亲本发育。第二，化学调节法。在亲本幼穗分化期喷施激素和微量元素，幼穗分化初期喷施多效唑，并重施氮肥，延缓亲本群体发育；幼穗分化末期喷施“九二〇”、调花宝、花信灵等，促进亲本的发育（肖层林等，2010）。

杂交水稻亲本的生殖生长期是相对稳定的，但营养生长期易受气候、肥水、栽培等因素的影响，特别是在母本播后和插后 10 d 内最容易引起父母本花期波动。因此，花期调节工作应在幼穗分化之前基本完成。营养生长阶段的花期调节，主要采取栽培技术措施。南繁中常用方法介绍如下。

①在母本插前调节花期。在母本秧田和插植为父本行内，分别采用相应肥水措施，调整其发育进度，花工少、见效快、效果好；

②利用母本秧龄长短与抽穗迟早的关系调节花期；

③采用母本带泥或不带泥，上午或下午移栽，插后灌深水或推迟灌水等措施来调节花期；

④通过肥水管理，对父本“水促干控”，或对亲本一方偏施氮肥或钾肥，利用“氮控钾促”来调节花期。由于南繁基地土壤保水保肥性较差，在使用肥控时，应注意“少吃多餐”。

第七节　采用综合措施，提高母本异交结实率

“九二〇”的合理使用对于制种水稻至关重要、制种水稻的合理密植、加强田间病虫管理的同时，还应注重施肥和灌水的调节，合理的辅助授粉等综合配套制种技术措施，从而提高母本异交结实率。

一、“九二〇”（赤霉素）使用技术

喷施“九二〇”不仅可以使母本穗茎伸长解除母本“包颈”，提高穗粒外露率，增大颖花开颖角度，延长闭颖时间，提高母本柱头外露率，而且还能增大母本剑叶与主茎角度，使剑叶趋向平展，有利于母本授粉。据研究表明，水稻不育系在抽穗期，植株体内的赤霉素含量明显低于雄性可育的正常品种，从而导致穗茎节不能正常伸长，约有1/4的稻穗不能抽出。在抽穗前喷施外源赤霉素，提高植株体内赤霉素的含量，可以促进穗茎节的伸长，解除抽穗卡颈，使穗粒正常外露，改良母本异交态势（肖层林等，1998；谢保忠等，2000）。不育系始穗期前后喷施“九二〇”，还可以提高柱头外露率10%～20%，提早盛花时间和开花高峰时间0.5～1 h，提高父母本花时相遇率15%～20%，进而使制种单产大幅度提高，增产幅度达100%～200%，甚至更高。实践中还发现，在一定范围内随

着“九二〇”用量的增加，制种产量也相应提高。高剂量喷施“九二〇”不仅从母本穗粒外露率和株高两个指标直接表现出来，也可以从母本异交结实率、稻粒黑粉病和稻曲病发病程度等间接指标反映出来（肖层林等，1998）。制种实践表明，生产应用的籼型不育系，在不喷施“九二〇”，情况下包颈较重。适当增加“九二〇”用量，可以使抽穗包茎粒率降低至5%以内，达到包茎长度 –3 ～ 1 cm，穗粒外露率95%以上的最佳效果。至于株高的理想值，应以低位节间短、高位节间长，高低节位比值大于3，株高增高控制在80%以下为最佳效果（李稳香等，2005；袁隆平，2002）。因此，喷施“九二〇”已成为杂交水稻制种最关键的技术。

二、“九二〇”喷施时期

喷施“九二〇”（赤霉素）对母本植株的最佳效应，低位节间和剑叶尽可能伸长，穗颈节间伸长较多（至少达到穗颈节间与剑叶叶鞘等长），这样才能完全解决抽穗卡颈问题。有关研究表明，“九二〇”起始喷施期在群体见穗前2 d左右，喷施终止期在见穗后4 ～ 6 d，上部两个节间基本上同步变化。低位节和倒二节的伸长量，随喷施时期变幅较大，而穗颈节节间的变幅小。见穗前3 ～ 6 d是“九二〇”喷施危险期，若此期间喷施，将导致低位节间伸长值偏大，上部叶片和叶鞘伸长过量，抽穗卡颈更加严重（袁隆平，2002）。

对制种群体而言，母本单株间始穗期存在4 ～ 6 d的差异，一个单株稻穗间也存在5 ～ 7 d的差异。说明母本群体内所有的稻穗不可能同期达到穗颈节和剑叶节的最佳喷施期。确定一个母本群体的“九二〇”最佳喷施期，应以群体中大多数稻穗为准。因此，制种田母本群体“九二〇”喷施的适宜时期，应在群体见穗前 1 ～ 2 d 至见穗 50% 左右，最佳喷施时期是群体见穗 5% ～ 10%。此外，在确定喷施时期时还应考虑某些因素：一是父母本花期相遇程度。父母本花期相遇好，母本见穗 5% ～ 10% 为最佳喷施期。花期相遇不好，早抽穗亲本要等迟抽穗亲本达到起始喷施期（见穗前 2 ～ 3 d）以后才开期开始喷施。抽穗不整齐的田块，要推迟到母本群体中大多数稻穗达到最佳喷施期时才开始喷施。二是稻穗发育成熟的程度。稻穗破口见穗时，稻穗内各器官完全发育成熟。由于天气与栽培条件的影响，有时表现不一致，特别在干旱或低温条件下，稻穗内各器官已发育成熟，但不一定能够破口见穗。此时，应透过剑叶叶鞘观察，从颖壳的颜色上判断，当颖壳已成绿色时，表明稻穗完全发育成熟；当颖壳呈浅绿色或白色时，表明稻穗发育尚未完全成熟。对颖壳呈绿色、发育成熟的田块，可以始喷施。但最迟喷施时期也只能等到该亲本喷施终止期前 1 ～ 2 d。在母本见穗早于父本 3 ～ 5 d 的情况下，应该在母本最佳喷施期首先喷施母本，父本达到起始喷施期后再喷施。反之亦然。三是群体稻穗整齐度。母本群体抽穗整齐的田块，应在最佳喷施适当提早喷施；而颖壳呈浅绿色或白色的田块，应推迟喷施。

三、“九二〇”喷施时间

据试验，高温环境下有利于植株对“九二〇”吸收利用，“九二〇”活力最强的适宜温度是 36℃。上午喷施效果比下午好，因为上午喷施随着气温的升高，叶面角质层的透性增加，“九二〇”进入量大。同时，植株的蒸腾作用和光合作用逐渐增强，体内水分和各种物质运转加快，从而提高了“九二〇”，利用率（谢保忠等，2000；陈志远等，2008）。夏秋季制种，晴天宜选 9:00—11:00 和 16:00 以后喷施。晴天中午光照过于强烈，叶面溶液及雾水容易被蒸发，不利于植株吸收，不宜喷施。阴天宜中午高温时段喷施。雨天应抓住停雨间歇，先赶露水后喷施，喷施后 2 h 内遇降雨，应补喷或在翌日喷施时增加用量。

四、“九二〇”喷施次数

据观察，“九二〇”的效应期一般只有 4 ～ 5 d，最大效应期在喷施后的第三或第四天。因此，“九二〇”的喷施次数不宜过多，每次间隔时间宜短不宜长，一般分 2 ～ 3 次，在 2 ～ 3 d 内连续喷施，这样可以发挥“九二〇”的累加效应（肖层林等，1998）。具体喷施次数及间隔时间，视父母本群体抽穗动态和天气状况确定，目的是通过多次喷施，使母本形成整齐一致的授粉姿态。抽穗整齐的田块，喷施次数少，一般分两次即可，甚至可以一次性喷完（比如晴热高温、见穗指标大）。不整齐的田块，喷施次数多，一般喷施 3 ～ 4 次。此外，喷施时期提早的应增加次数，推迟喷施则减少次数：在接近终止期喷施时，应一次性喷完。每次喷施“九二〇”以慢喷、匀喷最好，可以增加激素与叶片的接触面，提高“九二〇”的效果。每次喷施“九二〇”的剂量不同，原则是“前轻、中重、后少，照顾大多数”，根据母本群体的抽穗动态决定。若分两次喷施，两次的用量比为 2∶8 或 3∶7；分 3 次喷施，每次的用量比为 2∶6∶2 或 2∶5∶3；分 4 次喷施，每次的用量比为 1∶4∶3∶2 或 1∶3∶4∶2。

五、花期相遇和不遇“九二〇”使用技术

（一）花期相遇的（母早父 1 ～ 2 d 或父母本同期）施用方法

母本抽穗 10% 时，每公顷用“九二〇”30 ～ 60 g 同时喷父母本；母本抽穗 20% ～ 30% 时，每公顷用“九二〇”120 g 喷

母本；母本抽穗 50% 时，视情况每公顷再补施 30 g。

（二）花期不遇的施用方法

父本抽穗早母本 3 d 的，在母本见穗 5% 时，只喷母本，不喷父本；母本抽穗 20% ～ 30% 时，父母本一起喷。如果父本抽穗比母早 4 d 以上，须提前处理母本。母本早父本 2 d 以上的，母本第 1 次施“九二〇”时间，推迟到母本抽穗 20% ～ 30% 时重施，每公顷喷 180 ～ 225 g，上午喷 75 g，下午喷 75 g，第 2 天再喷 30 ～ 75 g（向关伦，2006）。

六、割叶和授粉

（一）父母本剑叶过长的要轻割叶

父母本的剑叶长度在 25 cm 以下的，可以不割叶，剑叶在 25 cm。以上的有碍花粉的传播，影响母本授粉，要实行轻割叶。

（二）适宜的授粉技术

采用竹杆赶粉，竹杆富有弹性，推动稻穗时，花粉扬得高飞得远，散落均匀，不伤害稻穗，能达到各行母本充分均匀授粉的目的。一天赶花粉 2 ～ 3 次，连续赶粉 1 周。

七、制种水稻培育壮秧

培育适龄多孳壮秧是使秧苗达到：第一，茎扁蒲粗壮分蘖多；第二，根系发达白根多；第三，秧苗均匀整齐，叶色浓绿，叶片肥厚而挺立，没有病虫为害。应做到以下几点。

（一）做好秧田

秧田选择土质好，肥力中上等，背风向阳，排灌方便，远离村庄，畜禽不易为害的田块。多施有机肥，在播种前 10 ～ 15

每公顷施猪牛粪或人粪尿 15 ～ 18 作基肥，播种前 1 d，再施 600 ～ 750 kg 磷肥、300 kg 钾肥、150 kg 碳酸氢铵作底肥。耕整地时做到田平、沟直、泥融。

（二）种子处理

浸种前抢晴将种子翻晒 1 ～ 2 d，增加种子的活力，除去混杂于种子中的发芽谷粒、泥块、病粒等。浸种时先用清水选种，除去批谷，用 20% 的三氯异氰尿酸 300 倍液进行种子消毒，药液要浸没种子，浸种消毒时间 12 ～ 24 h，用清水洗净药液后再进行浸种。做到高温（35 ～ 38℃）破胸，恒温（25 ～ 28℃）催芽，当芽长到半粒谷长，根长到一粒谷长时，抢晴播种。

（三）稀播匀播

秧田播种量的多少，对秧苗素质影响极大。稀播匀播能提高秧苗素质，培育多蘖壮秧。一般来说，秧田播种量要根据母本及各期父本要求的秧龄长短来定。父本小苗以 3.3 cm× 3.3 cm 寄栽于秧田；母本秧龄短（18 ～ 22 d），可适当密播，播种量不超过 180 kg /hm^2。

（四）秧田肥水管理

施足底肥，配方使用。制种田要搭好高产苗架，在施肥上应采用“一次入库，全层施肥”方法，每公顷施猪牛粪或人粪尿 15 ～ 18 t 尿素 150 kg，磷肥 750 kg，钾肥 300 kg。3 叶期前，保持沟中有水，厢面湿润不裂口，以利增气，促使扎根直苗。3 叶期后以湿为主促分裂，必要时，适当烤田，以防秧苗徒长，移栽前 5 ～ 7 d 灌水上厢面，上水后不能再断水，以免增加拔秧困难。2 叶 1 心时，施用尿素 37 kg/ hm^2 断奶肥，移栽前 3 ～ 4 d 施起身肥，施用尿素 45 kg / hm^2，促进返青成活。同时注意防治稻蓟马、稻瘟病等病虫为害。

（五）适当密植，插足基本苗

父本株距 16. 7 ～ 20 cm，双行父本的行距 33 ～ 40 cm，每穴双苗移栽。母本 13.3 cm×13.3 cm，每穴 3～4 粒谷秧,7 ～ 10 苗。扩大父母本行比，行比是指制种田父本与母本行数的比例。行比愈大，母本就愈多，基本苗数就多。父母本行比宜采取 2∶（14 ～ 16）或 1∶12。

八、制种田管理

（一）制种田病虫害防治技术

在杂交稻制种亲本中，不同组合的亲本对病虫害的抗性差异很大。有的亲本抗病性强，有的亲本极易感病；在种子生产实际操作过程中，必须对症下药，因组合制宜，根据不同亲本的抗性特点，制定相应的防病治虫方案。比如，有些母本容易感染稻粒黑粉病，易招致稻纵卷叶螟；有的母本容易发生稻瘟病等。这些亲本以综合防治效果最好。从栽培上入手，制种田应少施氮肥，多施磷钾肥；少施化肥，多施农家肥。坚持苗期多施肥，大田少施肥，中上肥力田不施肥。搞好健身栽培，培育中等苗架。母本苗架做到前期发得起，中期稳得住，后期叶色淡。创造一个不利于病虫害发生的健康苗架。在此基础上，适时、适量用药防治，即可取得较好效果（肖华伟，2019）。

（二）制种田管理

制种田的丰产栽培主要是以壮秧、足苗、增穗、增粒、增重为目的。一般分为前期管理和后期管理两个阶段。

1. 前期管理

前期管理是指从移栽到分蘖盛期幼穗分化开始，主攻目标是促使父母本禾苗早生快发，稳健而不徒长。在施足底肥的情况下，母本采用的是“全层施肥法”，这时母本移栽后可不再追肥。父本在分蘖末期幼穗分化前，视苗情偏施球肥。水浆管理总的要求是薄水插秧，活蔸后露田，浅水勤灌，干湿交替，以促进低、中位节分蘖。母本分蘖末期，可结合中耕除草，看苗看地看天气，适时适度排水露田，以增强土壤中的氧气，促发新根，促进禾苗稳健生长。同时要搞好病虫的预测预报，及早防治。

2. 后期管理

是指水稻拔节期至成熟期的管理。父母本进入幼穗分化阶段后，田间管理的主攻方向是使父母本稳生健长，达到根旺、秆壮、穗大、粒多、粒重的目的。移栽后 15 d 左右，每公顷苗数达到 390 万左右，即可放水晒田，控制营养生长，抑制无效分蘖，增强植株抗逆性，减轻病虫为害。抽穗扬花期保持 4 cm 深的水养花。母本幼穗分化 3 ～ 4 期，每公顷追施钾肥 37 ～ 75 kg 作保花肥。同时在孕穗期，每公顷用硼肥 2 kg 兑水 750 kg 作叶面喷施，提高结实率、增加千粒重。灌浆至成熟，浅水间歇灌溉，切忌脱水过早，待收获前 7 d 方可断水，以实现养根、保叶、壮籽的目的（向关伦等，2006）。

后期的田间管理中，要注意防治稻瘟病纹枯、稻粒黑粉病、白叶枯病等病害和稻飞虱、螟虫等虫害。各时期做好病虫的防治，特别是穗颈瘟和稻粒黑粉病的防治，其防治方法：用三环唑、稻瘟灵、粉锈宁或多菌灵在始穗期和盛花期各喷 1 次药。

九、确保制种种子质量

种子纯度好坏直接影响杂交优势的强弱和产量高低。因此，从种子生产开始，直至收、运、储、售等过程中都要十分注意，严格防止生物混杂和机械混杂。在选好隔离区的情况下，还必须严格做好以下几点。

第一，父母本种子由专业技术人员选择适宜的工具和场地统一浸种、催芽。父本秧田集中寄栽及管理。

第二，播种前清理干净播种工具，同一块田，不同时播两个亲本。选用的秧田，不能有前茬水稻的落谷，不能有再生秧苗。

第三，苗期要根据父母本的特征特性，如植株的高矮、叶形、叶鞘和叶缘的颜色以及分蘖的强弱等，把不同于父母本特征特性的植株一律拔除。

第四，始穗期，每天早晨至父本开花前这一段时间，到制种田逐厢、逐行、逐株检查，对不育系中抽穗期不一致，粒型长宽，颖尖色，芒长短等有异的植株认真鉴别，凡有差异的必须在开花授粉之前连根拔除。抽穗期，对穗顶端刚开花的逐穗检查，发现花药饱满，花药黄色或花药破裂的植株彻底除掉

第五，灌浆期可根据穗颈长，夹雌率高低来进行鉴别。雌花的柱头露在颖壳的外面，称为夹雌。杂株的结实率高，其穗子低头的角度大，不育系结实较低，低头的角度小。灌浆期和成熟期，发现母本行里有 1 株杂株时，周围 1 m 内母本应作为可疑株拔除，避免因串粉而引起生物学混杂。施用“九二〇”前后 2 d 之内必须组织专业人员严格除杂 1 次。

第六，除杂保纯技术。三系母本种子繁殖时依靠保持系授粉而结籽，因此，制种除杂过程中，保持系往往是影响三系制种纯度的重要杂株之一。另外，父本中的混杂株对制种纯度影响很大，须引起高度重视。其他如母本变异株、机械混杂株、隔离串粉等，一般不是主要的含杂来源，只要按制种技术规程操作实施就可控制。在制种大田除杂中，除杂保纯措施需贯穿

制种实施的全过程（魏栋华，1998）。从父母本育秧开始，秧田期发现有植株与父母本秧苗明显不同的地方，应视为杂株及时除掉；大田生长前、中期，可根据株叶形态、叶色淡浓、叶鞘叶耳颜色（紫色或无色）以及植株分蘖力强弱等进行综合判断除杂；生长后期主要依靠穗粒形状、开花习性、是否散粉等判别杂株，特别是施“九二〇”前后，组织人力是制种除杂的关键时期（种子管理工作中通常称为花检），需发动集中时间与精力，全面彻底地除杂。种子成熟后，在收割前一周左右还要进行一次。

十、中国制种水稻面临的问题

水稻是我国的主要粮食作物。水稻生产的保障基于新品种、新技术的应用程度。新品种的推广则主要依靠种子行业的资源储备与供应，首要环节是产供种数量和质量的保障，种子质量与数量则又必须通过种子基地生产来实现。《中华人民共和国种子法》实施后，我国种业界发生了很大的变化，特别是最近几年，种子产业界出现了一些新情况、新问题。比如，种子企业急剧增加（2008 年全国增至 8 000 多家），种子企业为了抢占市场而出现重经营销售、轻生产的现象；产成本增加，种子生产基地农户不愿意制种，导致种子企业争抢制种基地，制种面积很难落实，隔离及除杂保纯难度加大，品质不稳，隐患增多。制种的规模、技术力量、风险、利润等因素产生变化，与现有杂交水稻发展要求不相适应等等。杂交水稻制种基地的现状，是目前制约我国杂交水稻生产发展的瓶颈。

近年来，在市场需求和政策引导双轮驱动下，我国水稻制种结构不断优化，制种数量有所下降（徐春春等，2022）。2022 年中国杂交水稻制种面积为 9.2 万 hm^2，比 10 年前减少了 20%

左右，作为杂交水稻制种大省的湖南省在2015年以来也出现了较大幅度的降低。

（一）组织模式问题

"公司+农户"制种组织模式，即公司组织农民利用承包的责任田制种，该模式至今仍占中国总制种面积的70%以上。由于以农户为制种单位，每个农户制种的面积小且分散，隔离区难划分。随着中国城镇化、工业化进程的加快，农村劳动力大量转移，大多数制种基地已没有足够的劳力满足劳力密集型制种的需求，农户劳动力缺乏，人工成本高，技术措施难以到位，田间操作粗放，常导致父母本花期相遇不理想，田间除杂不及时，制种产量与种子质量不稳定，农户没有规模效益，制种积极性不高。现有制种组织模式造成了制种基地规模与面积呈萎缩状况，制约了杂交水稻制种基地的发展与稳定。

（二）缺乏劳动力问题

现阶段在农村从事农业生产的劳动力年龄逐渐出现了老年化、空心化倾向，这些问题和现象都是我们所需要关注的。杂交水稻制种生产与普通水稻栽培生产的技术含量完全不同。杂交水稻制种一般是一种由"种子公司+制种基地+制种农户"的工业化生产方式。杂交水稻制种生产对劳动力水平要求也较高。相比较而言，每亩杂交水稻制种生产比普通水稻栽培生产耗费更多的劳动力。在父母本育苗移栽、田间管理、花期调节、喷洒赤霉素植物生长调节剂、人为机械赶花授粉、分类收割晾晒交售上要多用10个以上的工作日。而且对劳动力素质要求也相对较高。杂交水稻制种生产需要大批既懂得传统水稻种植技术又要懂得先进水肥管理技术甚至于懂得植物生化调控等先进农技知识的新型农户。目前农村正缺少有知识的青壮年劳动力。

这是目标区和我国当代农村都面临的一个难题。

（三）杂交亲本不良特性问题

水稻雄性不育系的不良特性主要表现在抽穗卡颈，开花时间迟，花时不集中，开花后张颖历期长，内外颖不闭合或闭合不严等方面。利用雄性不育系制种，喷施“九二〇”后植株易倒伏，种子在穗上易萌动发芽，种子裂颖现象严重，易感黑粉病和稻曲病，种子耐储性较差等。近年来杂交水稻育种途径与方法创新，水稻种质资源广泛应用，选育的亲本类型增多，其遗传背景更为复杂，制种特性表现多样性，某些亲本在农艺性状上表现上部叶长而挺直，穗大粒多，着粒密度大，制种时要穗层外穗，需要使用更多的“九二〇”。这些不良特性导致杂交稻制种风险较大、制种产量与种子质量不稳定，给高产稳产优质制种带来技术难题（肖层林等，2010）。

参考文献

蔡立湘，彭新德，邓文，等，2004. 中国杂交水稻技术出口战略研究［J］. 杂交水稻，19（2）：1-5.

陈斌，邵培珊，吴连勇，等，2021. 促进江苏南繁从“基地”向“硅谷”转变的思考［J］. 中国种业（7）：8-10.

陈冠铭，李劲松，林亚琼，2012. 国家南繁功能价值与发展机遇研究分析［J］. 种子，31（3）：69-71.

陈瑞剑，蔡亚庆，井月，2013. 中国种业“走出去”的机遇、困境与对策分析［J］. 世界农业（3）：118-122.

陈稳良，自琪林，梁改梅，等，2013. 海南南繁育种基地建设与田间管理［J］. 作物杂志（6）：126-128.

陈锡康，1992. 全国粮食产量预测研究［J］. 中国科学院院刊（4）：330-333.

陈锡康，1992. 全国粮食产量预测研究［J］. 中国科学院院刊，4：330-333.

陈燕娟，袁国保，邓岩，2011. 中国杂交水稻种子‘走出去”的机遇、问题与对策研究［J］. 农业经济问题（6）：21-25.

陈志远，王丰，程俊彪，等，2008. 两系杂交水稻粤杂 889 高产优质制种技术［J］. 杂交水稻，23（2）：34-37.

程式华，2021. 中国水稻育种百年发展与展望［J］. 中国稻米，27（4）：1-6.

崔贵梅，牛天堂，张福耀，等，2007. 谷子（*Setaria italica* Beauv.）高异交结实雄性不育系“81-16”的柱头性状观察［J］. 作物学报，33（1）：149-153.

邓睿，黄敬峰，王福民，等，2010. 基于中分辨率成像光谱仪（MODIS）数据的水稻遥感估产研究——以江苏省为例［J］. 中国水稻科学，24（1）：87-92.

邓运，康蓉蓉，田小海，等，2008. 12 个杂交水稻不育系异交性能的测定［J］. 作物杂志（2）：38-42.
丁颖，1961. 中国水稻栽培学［M］. 北京：农业出版社.
杜世伟，李毅念，姚敏，等，2018. 基于小麦穗部小穗图像分割的籽粒计数方法［J］. 南京农业大学学报，41（4）：742-751.
段凌凤，2013. 水稻植株穗部性状在体测量研究［D］. 武汉：华中科技大学.
段凌凤，杨万能，2016. 水稻表型组学研究概况和展望［J］. 生命科学（10）：1129-1137.
方伟，冯慧，杨万能，等，2015. 基于可见光成像的单株水稻植株地上部分生物量无损预测方法研究［J］. 中国农业科技导报，17（3）：63-69.
龚红菊，2008. 基于分形理论及图像纹理分析的水稻产量预测方法研究［D］. 南京：南京农业大学.
龚红菊，姬长英，2007. 基于图像处理技术的麦穗产量测量方法［J］. 农业机械学报，38（12）：116-119.
龚红菊，於海明，姬长英，2010. 基于分形理论的水稻单产计算机视觉预测技术［J］. 农业机械学报，41（8）：166-170.
郭修平，刘帅，2021. 中国玉米进出口W型波动及贸易效应研究［J］. 经济纵横（7）：102-109.
贺道旺，2015. 目前杂交水稻制种基地存在的问题与对策建议［J］. 种子世界（8）：4-6.
洪雪，2017. 基于水稻高光谱遥感数据的植被指数产量模型研究［D］. 沈阳：沈阳农业大学.
侯玉璧，1989. 作物栽培学［M］. 武汉：湖北科学技术出版社.
胡前毅，2001. 湖南杂交水稻发展史［M］. 长沙：湖南科学技术出版社，72-91.
胡雅娜，杨瑞霞，2023. 中国杂交水稻种子出口贸易面临的机遇与挑战［J］. 分子植物育种，21（12）：3993–3997.

晁逢春，胡燕祥，杨静波，等，2006. 应用全面质量管理确保杂交水稻种子质量［J］. 种子世界（11）：42–43.

李昂，王洋，曹英丽，等，2017. 基于无人机高清数码影像的水稻产量估算［J］. 沈阳农业大学学报，48（5）：629–635.

李大跃，吴开均，蒲大清，等，2012. 关于越南种业的考察报告［J］. 中国种业（7）：19–22.

李军，曹哲群，王委托，等，2023. 两系杂交水稻新组合荃两优 069 高产制种技术［J］. 杂交水稻，38（5）：102–104.

李冉，龙文军，方华，2013. 加快推进种业保险政策建议—基于湖南、江苏杂交水稻制种保险情况的调查［J］. 中国种业（7）：4.

李冉，龙文军，申鑫，2012. 江苏省开展杂交水稻制种保险试点研究［J］. 中国保险（11）：4.

李卫国，2007. 基于 TM 遥感信息和产量形成过程的水稻估产模型［J］. 江苏农业科学（4）：12–13.

李卫国，王纪华，赵春江，等，2008. 基于定量遥感反演与生长模型耦合的水稻产量估测研究［J］. 农业工程学报，24（7）：128–131.

李稳香，田全国，2005. 种子生产原理与技术［M］. 北京：中国农业出版社.

李毅念，杜世伟，姚敏，等，2018. 基于小麦群体图像的田间麦穗计数及产量预测方法［J］. 农业工程学报，34（21）：185–194.

梁任繁，符志新，仇惠君，等，2022. 新时期如何推进南繁基地建设与管理的探讨——以广西南繁基地为例［J］. 种子，41（4）：143–148.

刘爱民，肖层林，廖伏明，等，2023. 杂交水稻制种产业回顾及持续发展对策［J］. 杂交水稻，38（3）：154–158.
刘翠红，陈丽君，吕长义，等，2015. 基于图像处理技术的水稻株型参数测量算法［J］. 农机化研究（12）：232–235.
刘涛，孙成明，王力坚，等，2014. 基于图像处理技术的大田麦穗计数［J］. 农业机械学报，45（2）：282–290.
陆红艳，2010. 水稻不同测产方式的对比试验［J］. 农家之友（理论版）（300）：19，24.
吕川根，2010. 江苏省两系法杂交稻研究与生产［J］. 江苏农业学报，26（3）：649–657.
吕青，梅子思，陈玺中，等，2018. 南繁制种水稻保险现状以及对策分析［J］. 科技经济市场（2）：156–158.
梅凯华，2014. 杂交水稻制种技术的发展与创新［J］. 湖北农业科学，53（10）：2250–2253.
彭代亮，2009. 基于统计与 MODIS 数据的水稻遥感估产方法研究［D］. 杭州：浙江大学.
石明松，1985. 对光照长度敏感的隐性雄性核不育水稻的发现与初步研究［J］. 中国农业科学（2）：44–48.
宋琳琼，郑华斌，张海清，等，2023. 湖南省水稻种子生产现状及政策建议［J］. 作物研究，37（2）;170–173，182.
苏仁忠，2018. 遥感技术在农业信息化中的应用［J］. 农业工程，8（6）：45–47.
孙文菁，2016. 海南制种水稻保险可持续发展探析［J］. 海南金融，8（333）：86–88.
谭新跃，胡青波，2013. 湖南省南繁现状及对策［J］. 种子，32（9）：89–91.
唐延林，黄敬峰，王人潮，等，2004. 水稻遥感估产模拟模式比较［J］. 农业工程学报，20（1）：166–171.

唐延林，王纪华，黄敬峰，等，2004. 利用水稻成熟期冠层高光谱数据进行估产研究［J］. 作物学报（8）：780–785.

田大成，1991. 水稻异交栽培学［M］. 成都：四川科学技术出版社.

田光辉，张国峰，林冲，2023. 南繁秋季杂交水稻制种的气象灾害风险区划［J］. 杂交水稻，38（3）：107–113.

王人潮，王珂，沈掌泉，等，1998. 水稻单产遥感估测建模研究［J］. 遥感学报，2（2）：119–124.

王昭，2018. D县杂交水稻制种基地选址适宜性评价研究［D］. 西安：西安建筑科技大学 .

王昭，2018. D县杂交水稻制种基地选址适宜性评价研究［D］. 西安：西安建筑科技大学.

魏栋华,1998. 浅谈确保杂交水稻种子纯度的技术途径与措施［J］. 杂交水稻（专辑）:28–29.

巫玉平，2013. 海南省杂交水稻制种产业现状及发展前景［J］. 种子世界（12）：3–4.

武小金，袁隆平，1996. 水稻异交习性的变异、遗传及其改良Ⅰ. 水稻异交习性及其与异交率的关系［J］. 湖南农业科学（1）：12–15.

武小金，袁隆平，1996. 水稻异交习性的变异、遗传及其改良Ⅱ. 水稻异交习性的变异［J］. 湖南农业科学（2）：11–14.

向昌盛，周子英，武丽娜，2010. 粮食产量预测的支持向量机模型研究［J］. 湖南农业大学学报（社会科学版），11（1）：6–10.

向关伦，黄宗洪，杨占烈，等，2006. 两系杂交水稻黔两优58制种技术［J］. 种子，25（11）：98–100.

肖层林，刘爱民，张海清，等，2010. 中国杂交水稻制种技术的进步与发展方向［J］. 杂交水稻，2010：46–50.

肖层林，刘爱民，张海清，等，2010. 中国杂交水稻制种技术的进步与发展方向［J］. 杂交水稻，25（S1）：46–50.

肖层林，毛建华，李复勇，等，1998. “九二〇”对培矮 64S 异交态势改良效果的研究［J］. 杂交水稻，13（6）：40–41.

肖华伟，2019. 中国杂交水稻制种技术研究与实践及其发展趋势分析［D］. 长沙：湖南农业大学 .

谢保忠，王万福，周强，等，2000. 杂交水稻制种“九二〇”使用技术改进［J］. 杂交水稻，15（5）：21–22.

徐春春，闻军清，纪龙，等，2022. 中国水稻种业发展现状、问题与展望［J］. 中国稻米，28（5）：74–78.

徐燕飞，2018. 论乡村振兴下我国现代种业发展的法治化［J］. 农村实用技术（9）：11–14.

许世觉，1994. 中国杂交水稻制种技术的发展［J］. 杂交水稻（3）：50–51.

晏明，刘志明，晏晓英，2005. 用气象卫星资料估算吉林省主要农作物产量［J］. 气象科技，33（4）：350–354.

杨朝晖，张明艳，2003. 杂交水稻制种田的测产方法［J］. 杂交水稻，18（5）：38.

杨仕华，程本义，沈伟峰，2004. 我国南方稻区杂交水稻育种进展［J］. 杂交水稻，19（5）：1–5.

杨仕华，程本义，沈伟峰，2005. 中国水稻品种推广趋向分析［J］. 杂交水稻，20（3）：6–8.

佚名，2011. 农作物测产方法［J］. 云南农业（1）：60.

易可君，毕超，2009. 中国杂交水稻产业国际化的分工盈利模式与路径选择［J］. 农业现代化研究，30（3）：341–345.

袁国保，邓岩，2009．完善种子出口政策和制度建设，提高我国种子国际市场竞争力［J］．种子科技（7）：1–4．

袁隆平，1988．杂交水稻育种栽培学［M］．长沙：湖南科学技术出版社．

袁隆平，2002. 杂交水稻学［M］. 中国农业出版社（7）:265–276.

袁隆平，廖伏明，2020．超级杂交水稻育种栽培学［M］．长沙：湖南科学技术出版社．

曾千春，周开达，朱祯，等，2000．中国水稻杂种优势利用现状［J］．中国水稻科学，14（4）：243–246．

翟雪，2019．基于大田水稻穗部图像特征的测产技术研究［D］．南京：南京农业大学．

张琴，2021．杂交水稻种业“走出去”的成功探索与发展趋势［J］．中国稻米，27（4）：104–106．

赵佳佳，2021．新中国成立以来种子事业的发展历程与经验启示［J］．当代中国史研究，28（6）：47–65，158．

赵三琴，李毅念，丁为民，等，2014．稻穗结构图像特征与籽粒数相关关系分析［J］．农业机械学报，45（12）：323–328．

郑浩楠，2019．基于稻穗 2D 图像建模的水稻田间快速测产方法的研究［D］．南京：南京农业大学．

中共中央文献研究室，2014. 十八大以来重要文献选编（上）［M］．北京：中央文献出版社．

中国农业科学院，湖南农业科学院，1991．中国杂交水稻的发展［M］．北京：农业出版社．

钟家富，2013．新形势下杂交水稻制种基地发展存在的问题及对策［J］．中国农技推广（S1）126–129．

钟兆飞，2014．海南杂交水稻制种风险及应对措施［J］．种业世界（5）：7–8．

周国祥，周俊，刘成良，2005. 基于GSM无线技术的产量远程监侧系统研究［J］. 自动化仪表，26（11）：8–11.

周宜军，范清旺，曾鑫，等，2008. 中国杂交水稻种子出口战略分析［J］. 中国种业（4）：5–7.

邹璀，刘秀丽，2013. 山东省粮食产量预测研究［J］. 系统科学与数学，33（1）：97–109.

祖祎，2021. "一带一路"背景下我国农产品贸易发展策略［J］. 北方经贸（9）：14–16.

BOLTON D K，FRIEDL M A，2013. Forecasting crop yield using remotely sensed vegetation indices and crop phenology metrics［J］. Agricultural & Forest Meteorology，173（2）：74–84.

FERNANDEZ-GALLEGO J A，KEFAUVER S C，GUTIERREZ N A，et al.，2018. Wheat ear counting in-field conditions：High throughput and low-cost approach using RGB images［J］. Plant Methods，14（1）：1–12.

HAMAR D，FERENCZ C，LICHTENBERGER J，et al.，1996. Yield estimation for corn and wheat in the Hungarian Great Plain using Landsat MSS data［J］. International Journal of Remote Sensing，17（9）：1689–1699.

MAYUKO I，YOSHITSUGQ H，TOMONORI T，et al.，2010. Analysis of rice panicle traits and detection of QTLs using an image analyzing method［J］. Breeding Science，60（1）：55–64.

MONTE R B，DANIEL J，2002. Neural network prediction of maize yield using Alternative Data Codin algorithms［J］. Biosystems Engineering，83：31–45.

MULYONO S，FANANY M I，BASARUDDIN T，2012. Genetic algorithm based new sequence of principal component regression

(GA–NSPCR) for feature selection and yield prediction using hyperspectral remote sensing data [C] //Geoscience and Remote Sensing Symposium：4198–4201.

REZA M N，NA I S，LEE K H，2017. Automatic counting of rice plant numbers after transplanting using low altitude UAV images [J]. International Journal of Contents，13 (3)：1–8.

TAKAYAMA T，UCHIDA A，SEKINE H，et al.，2012. Validation of BiPLS for improving yield estimation of rice paddy from hyperspectral data in West Java，Indonesia [C] //Geoscience and Remote Sensing Symposium：6581–6584.

TUCKER C J，1979. Red and photographic infrared linear combinations for monitoring vegetation [J]. Remote Sensing of Environment，8 (2)：127–150.

UNO Y，PRASHERA S O，LACROIHB R，et al.，2005. Artificial neural networks to predict corn yield from Compact Airborne Spectrographic Imager data [J]. Computers & Electronics in Agriculture，47 (2)：149–161.

WANG P，SUN R，ZHANG J，et al.，2011. Yield estimation of winter wheat in the North China Plainusing the remote–sensing photosynthesis–yield estimation for crops (RS–P–YEC) model [J]. International Journal of Remote Sensing，32 (21)：6335–6348.

WANG Y P，CHANG K W，CHEN R K，et al.，2010. Large–area rice yield forecasting using satellite imageries [J]. International Journal of Applied Earth Observation & Geoinformation，12 (1)：27–35.

XIONG X，DUAN L，LIU L，et al.，2017. Panicle–SEG：A

robust image segmentation method for rice panicles in the field based on deep learning and superpixel optimization [J]. Plant Methods, 13 (1): 104.

YANG W, DUAN L, CHEN G, et al., 2013. Plant phenomics and high-throughput phenotyping: accelerating rice functional genomics using multidisciplinary technologies [J]. Current Opinion in Plant Biology, 16 (2): 180-187.

ZHAO S, GU J, ZHAO Y, et al., 2015. A method far estimating spikelet number per panicle: Integrating image analysis and a 5-point calibration model [J]. Scientific Reports, 5: 1-9.

robust image segmentation method for rice panicles in the field based on deep learning and superpixel optimization[J]. Plant Methods, 13(1): 104.

YANG W, DUAN L, CHEN G, et al., 2013. Plant phenomics and high-throughput phenotyping: accelerating rice functional genomics using multidisciplinary technologies[J]. Current Opinion in Plant Biology, 16(2): 180-187.

[illegible] et al., [illegible]

[illegible]

[illegible] and a 3-component [illegible]

[illegible]

附录一　水稻产量测定操作规范

ICS 65.020.20
CCS B 22

DB 33

浙　江　省　地　方　标　准

DB33/T 2517—2022

水稻产量测定操作规范

Operation specification for determination of rice yield

2022-08-01 发布　　2022-09-01 实施

浙江省市场监督管理局　发布

DB33/T 2517—2022

前　言

本标准按照 GB/T 1.1—2020《标准化工作导则 第1部分：标准化文件的结构和起草规则》的规定起草。

请注意本标准的某些内容可能涉及专利。本标准发布机构不承担识别专利的责任。

本标准由浙江省农业农村厅提出并组织实施。

本标准由浙江省种植业标准化技术委员会归口。

本标准起草单位：浙江省农业技术推广中心、浙江省农业农村宣传中心。

本标准主要起草人：厉宝仙、秦叶波、纪国成、吴黄娟、杨盼盼、刘晓霞、王宏航、许露琳、许剑锋、高晓晓。

水稻产量测定操作规范

1 范围

本标准规定了水稻产量测定的方法、程序、产量计算、测定报告等要求。

本标准适用于需向社会公布的水稻产量测定。

2 规范性引用文件

下列文件中的内容通过文中的规范性引用而构成本标准必不可少的条款。其中，注日期的引用文件，仅该日期对应的版本适用于本标准；不注日期的引用文件，其最新版本（包括所有的修改单）适用于本 标准。

GB/T 3543.3 农作物种子检验规程 净度分析

GB/T 3543.6 农作物种子检验规程 水分测定

3 术语和定义

本标准没有需要界定的术语和定义。

4 测定方法

采用机械实割法。要求产量测定的水稻种植面积，攻关田应在 667 m^2（1.0 亩）以上，示范方须 同一品种在 66 700 m^2（100 亩）以上并连片成方。

5 测定专家

5.1 测定专家人数 5 人及以上，具有高级技术职称，从事专业技术工作年限 10 年以上，良好的职业道德。

5.2 申请单位、品种权单位人员应回避。

6 测定程序

6.1 测定物品准备

产量测定物品由组织者准备，包括经检定或校准的测量工具和记录物品：电子台秤、电子天平秤、卷（钢）尺或 GPS 测量仪、快速水分测定仪，以及样品袋、记号笔、测定记载表、测定专家名单、测定 样品单。电子台秤称量范围 0 ～ 60 kg，检定分度值 20 g，电子天平秤称量范围 0 ～ 2 kg，检定分度值 0.1 g，带 1 kg 校验用砝码。

6.2 收割前准备

6.2.1 选择未下雨的天气条件，并应在露水退去后进行。

6.2.2 由申请者准备田间收割所需的物品和辅助人员，包括带大储粮仓的联合收割机、规格一致的袋子、收割机手、搬运工人。

6.2.3 专家组检查收割机，检查步骤为：先让收割机作收割动作，再作排空稻谷动作，最后专家上机检查储粮仓。收割动作和排空稻谷动作持续运转的时间均不少于 30 s。

6.2.4 专家组根据现场估产情况和袋子大小，对一定数量的袋子进行编号，如果是示范方产量测定，不同田块的编号要用不同的颜色或记号予以区分。

6.2.5 随机取 10 只袋子在电子秤上称重，计算获得每只袋子的皮重。

6.2.6 确定产量测定田块，每块测产田块面积应在 667 m^2（1.0 亩）以上。

6.2.7 攻关田田块可由申请者确定。

6.2.8 百亩示范方田块由专家组对示范方进行踏看后无异常，随机选取不少于 3 块代表示范方平均生 产水平的田块。

6.2.9 千亩示范方田块应根据自然生态区（畈、片），将其划分为 5 个片，随机选择 3 个片，每个片 按百亩示范方方法测定。

6.3 收割

由收割机手对确定的田块进行实割，机手根据收割机粮仓储存情况，按需适时放空粮仓，搬运工人 用已经编号的袋子进行装袋。

6.4 称重

由两位专家对装袋稻谷依次进行过磅称重，一位专家读取磅秤数据，另一位专家在测定记载表上记录袋子编号和重量，最后合计得测定田的毛量，并根据总袋数，扣除袋子总皮重，得到测定田的总湿谷重量（Z）。

6.5 面积测量

6.5.1 由 3 位专家共同完成，两位测量，一位监督并记录。

6.5.2 形状规则田块按几何法计算其面积，所测面积单位为 667 m^2（亩）。

6.5.3 长度和宽度的测量为从一边田埂内侧到对边田埂内侧的垂直距离。

6.5.4 长度测量应在两条同向田埂两端和中点分别测其田埂间的垂直距离，3 次测量结果的算术平均 值为这田块的长度。

6.5.5　宽度测量应在两条同向田埂视田块长度情况测量3～5点，其算术平均值为田块的宽度。

6.5.6　形状不规则田块采用割补法计算其面积，所测面积单位为667 m^2（亩）。

6.5.7　将田块分成若干个规则田块，测量并计算每个小规则田块的面积，累加即得整块田面积。

6.6　水分测定

6.6.1　现场水分初测

由专家组用水分速测仪，进行现场水分初步测定，一般按头、中、尾3个收割时段取样测定5个重复。

6.6.2　实验室水分测定

6.6.2.1　取样

6.6.2.1.1　将样品袋用经砝码校正后的电子天平秤进行称重。

6.6.2.1.2　根据收割时间的先后，按头、中、尾3个收割时段，均匀地从不少于5个袋子中抓取适量 稻谷放入样品袋中。

6.6.2.1.3　用电子天平秤称重，将重量填入样品单（附录A），样品单放入样品袋后对袋子进行封 口。

6.6.2.1.4　每块测定田都要取一个样品，样品重量应在1.0 kg。

6.6.2.2　测定

将抽样的样品委托有资质的第三方检测单位进行实验室测定含水量和净度，含水量测定应按GB/T 3543.6执行，净度测定应按GB/T 3543.3执行。

7 产量计算

田块实际亩产量按公式（1）计算：

$$Y=\frac{Z \times P \times (100-MM \times 100)}{(100-SM \times 100) \times S} \tag{1}$$

式中，Y为田块实际亩产量，单位为kg/667 m^2（亩）；Z为湿谷重量，单位为kg；P为净度（%）；MM为稻谷含水量（%）；SM为稻谷标准含水量（其中，籼稻为13.5%，粳稻和籼粳杂交稻为14.5%）；S为田块面积，单位为667 m^2（亩）。百亩示范方测定产量为不少于3个测定田块实际亩产量的算术平均值。千亩示范方测定产量为不少于3个百亩方产量的算术平均值。

8 测定报告

专家组出具由专家组组长签字的产量测定报告（附录B），并附测定田块产量情况表（附录C）。

附录 A

（资料性）

水稻产量测定样品单

水稻产量测定样品单见表 1。

表 1　水稻产量测定样品单

农户姓名		申报项目	
测定时间		测定地点	
稻作类型		品种名称	
田块编号		样品净重（kg）	
抽样人		样品保管人	

附录B

（资料性）

水稻产量测定报告

水稻产量测定报告见表2。

表2 水稻产量测定报告

申请单位		品种名称		稻作类型	
测定时间	年 月 日		天气		
测产专家					
田块（示范方）地点				田块（示范方）面积（亩）	
田块编号：1	S1：亩	Z1：kg		Y1：kg/亩	
田块编号：2	S2：亩	Z2：kg		Y2：kg/亩	
田块编号：3	S3：亩	Z3：kg		Y3：kg/亩	
测产方平均亩产：kg/亩					
测定意见：（包括对组织测定概况、水稻栽培情况、穗粒结构等的简述，测定方法、产量等的具体叙述） 组 长：_______（签字） 年 月 日					
组织单位意见： （盖章） 年 月 日					

附录 C

（资料性）

测定田块产量情况表

测定田块产量情况见表 3。

表 3　测定田块产量情况表

测定田块地址		测定田块编号	
湿谷重量（Z）： kg			
田块面积（S）：亩			
稻谷含水量（MM）： %			
净度（P）： %			
标准含水量（SM）： %			
计算公式（1）： $Y=\frac{Z\times P\times（100-MM\times 100）}{（100-SM\times 100）\times S}$ 实际亩产：________kg/ 亩			

附录二　水稻（大豆）多功能脱粒机　作业质量

ICS 65.060.20
备案号：

DB2312

黑龙江省绥化市地方标准

DB2312/T 078—2023

水稻（大豆）多功能脱粒机 作业质量

2023-03-20 发布 2023-04-20 实施

绥化市市场监督管理局 发布

DB2312/T 078—2023

前　言

本文件按照 GB/T 1.1—2020《标准化工作导则　第 1 部分：标准化文件的结构和起草规则》的规定起草。

请注意本文件的某些内容可能涉及专利。本文件的发布机构不承担识别专利的责任。

本文件由绥化市农业农村局提出并归口管理。

本文件的起草单位：黑龙江省农业机械工程科学研究院绥化分院、绥棱县农机技术服务中心。

本文件主要起草人：谢洪昌、高勇、王海礁、王晨平、王红元、王德明、杨楠、张晓伟、赵世宏、王孝波、李忠革。

水稻（大豆）多功能脱粒机 作业质量

1 范围

本标准规定了水稻（大豆）多功能脱粒机作业质量的术语和定义、作业质量要求、检测方法和评定项目与评定规则。

本标准适用于绥化市域内水稻（大豆）多功能脱粒机的作业质量评定。

2 规范性引用文件

下列文件中的内容通过文中的规范性引用而构成本文件必不可少的条款。其中，注日期的引用文件，仅该日期对应的版本适用于本文件；不注日期的引用文件，其最新版本（包括所有的修改单）适用于本文件。

GB/T 5982—2017 脱粒机 试验方法

JB/T 9778—2018 全喂入式稻麦脱粒机 技术条件

3 术语和定义

GB/T 5982—2017 界定的以及下列术语和定义适用于本文件。

3.1 多功能脱粒机

具有完整的脱粒、分离和清选等功能的脱粒机械。

3.2 总损失率

脱粒作业时，各部分损失籽粒质量占总籽粒质量的百分率。

4 作业质量要求

4.1 作业条件

本标准规定的作业质量指标值，按 GB/T 5982—2017 4.6 和 JB/T 9778—2018 4.2.1 规定的一般作业条件下确定的，喂入量执行 GB/T 5982—2017 4.7 的规定，脱粒机作业应符合机具使用说明书或有效技术文件的要求。

4.2 质量要求

在满足 4.1 规定的作业条件下，水稻（大豆）多功能脱粒机作业质量指标执行 JB/T 9778—2018 4.2.1，应符合表 1 的规定。

表 1 作业质量指标

序号	项目	质量指标		检测方法对应的章条号
		水稻	大豆	
1	总损失率（%）	≤ 2.5	≤ 1.5	5.10
2	未脱净损失率（%）	≤ 1.0		5.8
3	含杂率（%）	≤ 1.5		5.7
4	破碎率（%）	≤ 1.2	≤ 2.5	5.6

5 检测方法

5.1 抽样方法

脱粒机作业，待脱粒室内的物料流稳后开始取样，全喂入脱粒机取样时间应不少于 10 s，半喂入脱粒机取样时间应不少于 20 s，从出粮口、杂余口、清选口、排草口、次粮口等处用接样袋（布）同时接取样品，直至取样结束时，各取样口同时停止取样。

5.2　样品处理

出粮口样品：从出粮口接取的全部混合籽粒中随机抽取5份样品，每份不少于2 000 g。对取得的样品采用四分法得到一份约500 g的小样，称出小样质量。再从小样中选出其中断穗籽粒（水稻摘下枝穗）、破碎籽粒、大豆包荚籽粒（剥下荚皮）、水稻带梗籽粒（摘下枝梗）和其他杂质，分别称其质量。

排草口样品：从排草口中接取的样品中选出未脱净籽粒和夹带籽粒，称其质量。

清选口和次粮口样品：分别选出样品中的籽粒和断穗籽粒，称其质量。

杂余口样品：选出样品中所有籽粒，称其质量。

收集取样时间内溅出机外的籽粒，称其质量。

5.3　小样籽粒质量

小样混合籽粒中的籽粒质量按式（1）计算：

$$m_x = m_p + m_d + m_b + m_1 \tag{1}$$

式中，m_x 为小样籽粒质量，单位为g；m_p 为小样中的破碎籽粒质量，单位为g；m_d 为小样中断穗籽粒质量，单位为g；m_b 为小样中的大豆包荚籽粒质量或水稻带梗籽粒质量，单位为g；m_1 为小样中的完整籽粒质量，单位为g。

5.4　总籽粒质量

总籽粒质量按式（2）计算：

$$m = m_c + m_{ci} + m_w + m_j + m_q + m_f \tag{2}$$

式中，m 为总籽粒质量，单位为g；m_c 为出粮口籽粒质量，单位为g；m_{ci} 为次粮口籽粒质量，单位为g；m_w 为未脱净损失籽粒质量，单位为 g；m_j 为夹带损失籽粒质量，单位为 g；m_q 为清选损失籽粒质量，单位为 g；m_f 为飞溅损失籽粒质量，单位为 g。

5.5　出粮口籽粒质量

出粮口籽粒质量按式（3）计算：

$$m_c = m_h \times \frac{m_x}{m_{xh}} \tag{3}$$

式中，m_h 为出粮口混合籽粒质量，单位为 g；m_{xh} 为小样混合籽粒质量，单位为 g。

5.6　破碎率

破碎率按式（4）计算：

$$z_p（\%）= \frac{m_p}{m_x} \times 100 \tag{4}$$

式中，z_p 为破碎率，单位为 %。

5.7　含杂率

含杂率按式（5）计算：

$$z_z = \frac{m_{xz}}{m_{xh}} \tag{5}$$

式中，z_z 为含杂率，单位为 %；m_{xz} 为小样杂质质量，单位为 g。

5.8　未脱净损失率

未脱净损失率按式（6）计算：

$$s_W = \frac{m_w}{m} \times 100\% \tag{6}$$

式中，s_W 为未脱净损失率，单位为 %；m_w 为未脱净损失籽粒质量，单位为 g。

5.9 夹带损失率、清选损失率、飞溅损失率

夹带损失率 (s_j)、清选损失率 (s_q) 和飞溅损失率 (s_f) 按标准 GB/T 5982—2017 中的 5.6.12、5.6.13、5.6.14 计算。

5.10 总损失率

总损失率按式（7）计算：

$$s = s_w + s_j + s_q + s_f \tag{7}$$

式中，s 为总损失率单位为 %。

6 评定项目与评定规则

6.1 评定项目

作业质量评定项目见表 2。

表 2 作业质量评定项目

序号	项目名称
1	总损失率
2	未脱净率
3	含杂率
4	破碎率

6.2 评定规则

对确定的评定项目逐项评定。所有项目符合表 1 的要求，水稻（大豆）多功能脱粒机作业质量为合格；否则水稻（大豆）多功能脱粒机作业质量为不合格。

附录三　寒地水稻倒伏灾害遥感评估技术规程

ICS 07.040
CCS A 75

黑 龙 江 省 地 方 标 准

DB 23/T 3151—2022

寒地水稻倒伏灾害遥感评估技术规程

2022 - 03 - 03 发布　　2022 - 04 - 02 实施

黑龙江省市场监督管理局　发布

DB 23/T 3151—2022

前 言

本文件按照 GB/T 1.1—2020《标准化工作导则　第 1 部分：标准化文件的结构和起草规则》的规定起草。

请注意本文件的某些内容可能涉及专利。本文件的发布机构不承担识别专利的责任。

本文件由黑龙江省测绘地理信息局提出、归口、组织实施，并负责解释。

本文件起草单位：黑龙江地理信息工程院。

本文件主要起草人：马新文、初启凤、巩翼龙、郑新杰、张婧怡、袁如金、巩淑楠、陆宇红、王林、杨阳、任思思、李帅、付瑜。

寒地水稻倒伏灾害遥感评估技术规程

1 范围

本文件确立了寒地水稻倒伏灾害光学遥感评估的程序，规定了遥感数据获取与处理、遥感影像解译、水稻倒伏灾害评估等阶段的操作指示，描述了数据获取记录、数据质量记录、灾害评估记录等追溯方法。

本文件适用于使用可见光遥感数据对寒地水稻倒伏灾害的评估。

2 规范性引用文件

本文件没有规范性引用文件。

3 术语和定义

下列术语和定义适用于本文件。

3.1 水稻倒伏 rice lodging

水稻生长过程中在风雨、地形、土壤环境、耕作措施等外在因子与植物自身抗倒伏性等内在因子相互作用下，茎秆从自然直立状态发生歪斜甚至全株匍倒的一种现象。

3.2 遥感 remote sensing

不接触物体本身，用传感器收集目标物的电磁波信息，经处理、分析后，识别目标物、揭示其几何、物理特征和相互关系及其变化规律的现代科学技术。

[来源：GB/T 14950—2009，定义 3.1]

3.3 影像重叠度 image overlap

同航线或相邻航线的相邻相片上具有同一地区影像的部分，

通常以百分比表示。一般相同航线内重叠度为航向重叠度，相邻航线内重叠度为旁向重叠度。

4 水稻倒伏灾害评估程序的构成

水稻倒伏灾害评估程序包括 3 个阶段：数据获取与处理、遥感影像解译、水稻倒伏灾害评估。程序流程图见图 1 所示。其中，数据获取与处理阶段，根据传感器搭载平台类型的不同，数据可通过航空和卫星两种方式采集。

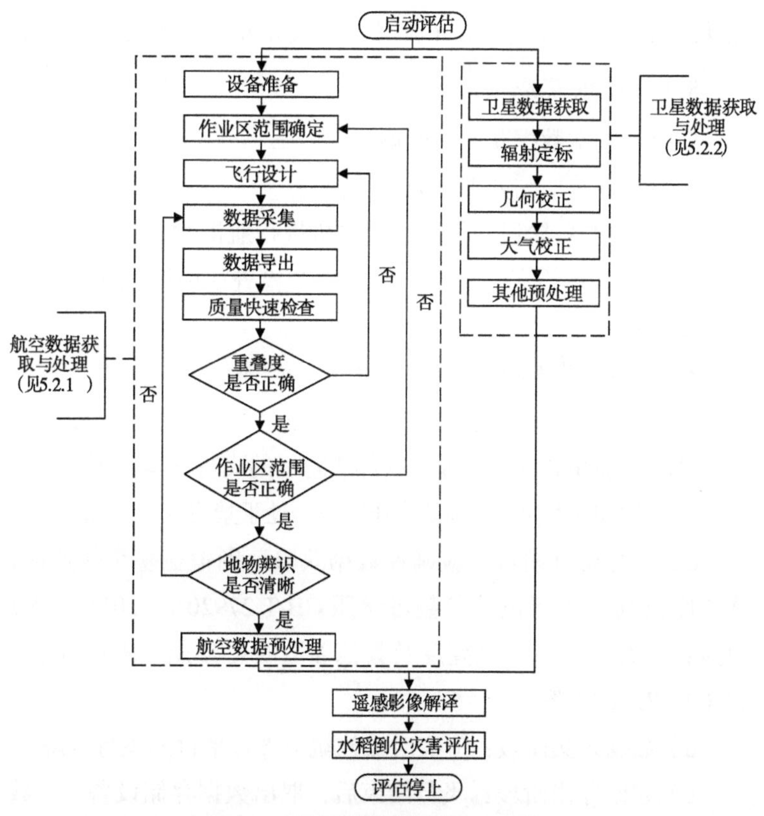

图 1　水稻倒伏灾害遥感评估流程

5 水稻倒伏灾害评估

5.1 数据及指标要求

5.1.1 数据分辨率

航空影像空间分辨率应为 20 cm±10 cm。卫星影像空间分辨率应优于 1 m。

5.1.2 数据光谱信息

影像数据应具有红光波段（波长 620 ～ 760 nm）、绿光波段（波长 520 ～ 570 nm）、蓝光波 段（波长 420 ～ 470 nm）。

5.2 数据获取与处理

5.2.1 航空数据获取与处理

航空数据获取与处理分为如下阶段：

a）设备准备阶段：使用大型飞机进行航摄时，航摄系统中的航摄仪等关键设备，应有国家认定的检查或检测机构出具的检验或检测报告。

b）作业区范围确定阶段：应依据水稻倒伏灾害情况确定作业区域范围，为飞行设计做准备，并根据作业区范围进行空域申请。无人机应特别注意观察作业区内部或附近的飞行环境，不应有影响飞行安全的障碍物，并确认作业区是否处于禁飞区、限飞区。

c）飞行设计阶段：应确保数据获取范围覆盖整个作业区，重叠度及其它飞行设计参数可参照 GB/T 27920.1—2011 中 5.1 的内容。无人机设置重叠度及其他参数时可参照 CH/Z 3005—2010 中 7.1 的内容。

d）数据采集阶段：应实时监控航空飞行平台的飞行状态。

e）数据导出阶段：飞行结束后，取出数据存储设备，将数据导出至计算机。

f）质量快速检查阶段：应检查影像数据的覆盖范围、重叠度、影像是否无云影、无扭曲，确保数据的可用性，如果数据不可用，则应立刻查找原因，分情况返工处理（图 1）。

g）数据预处理阶段：应利用影像拼接软件对航空影像进行拼接。填写航空数据获取记录表和数据质量记录表。

5.2.2　卫星数据获取与预处理

收集到的卫星影像数据应经过辐射定标、几何校正、大气校正等处理，可参照 NY/T 3526—2019 中第 7 章的对应内容。同时填写卫星数据获取记录表和数据质量记录表（附录 A）。

5.3　遥感影像解译

5.3.1　人工解译

应根据水稻倒伏和非倒伏的遥感影像特征建立遥感影像解译标志，再根据解译标志人工提取水稻倒伏受灾信息。

5.3.2　自动解译

宜采集不同的空间和时间尺度下的寒地水稻倒伏数据，制作训练样本库。利用样本库训练水稻倒伏灾害提取模型[①]）。根据水稻倒伏灾害提取模型，对水稻倒伏信息进行自动解译，准确率（总体精度）应大于 90%。

5.4　水稻倒伏灾害评估

5.4.1　倒伏灾害评估指标

包括受灾区域面积、受灾区域百分比，其定义可参见 GB/T 24438.2—2012 中 4.1.3 。

5.4.2　倒伏灾害评估时间窗口

应设置在灾害发生之后，水稻收割之前。

① 以卷积神经网络方法为例，当测试数据识别准确率达到 90% 及以上时，可停止训练得到寒地水稻倒伏灾害提取模型。

5.4.3 倒伏灾害评估指标计算

5.4.3.1 评估地块总面积估算公式：

$$S_{t} = w_{GSD}^{2} \times N_{t} \quad (1)$$

式中，S_t 为评估地块总面积；w_{GSD} 为地面采样间隔；N_t 为影像地块总像素数。

5.4.3.2 水稻倒伏受灾区域面积估算公式：

$$S_{d} = w_{GSD}^{2} \times N_{d} \quad (2)$$

式中，S_d 为水稻倒伏受灾区域面积；w_{GSD} 为地面采样间隔；N_d 为影像受灾区域像素数。

5.4.3.3 水稻倒伏受灾区域占比估算公式：

$$P= S_{d} / S_{t} \quad (3)$$

式中，P 为水稻倒伏受灾区域占比；S_d 为水稻倒伏受灾区域面积；S_t 为评估地块总面积。

6 成果整理

成果包含数据获取记录表、数据质量记录表和灾害评估记录表。其中，数据获取记录表根据传感器搭载平台类型的不同分为航空数据获取记录表和卫星数据获取记录表。航空数据获取记录表可参照 CH/Z 3005—2010 的附录 B 。卫星数据获取记录表见表1。数据质量记录表见表 2。灾害评估记录表见表 3。

附录A

（资料性）

各项成果记录表格式

A.1 卫星数据获取记录表格式

表1 卫星数据获取记录表

序号	项目	内容
1	卫星名称	
2	成像时间	
3	空间分辨率	
4	波段信息	
5	产品级别	

A.2 数据质量记录表格式

表2 数据质量记录表

序号	项目	内容
1	灾害发生时间	
2	数据获取时间	
3	数据是否覆盖灾区	
4	数据质量问题	
5	是否需要重新采集	
数据示意图		

A.3 灾害评估记录表格式

表 3 灾害评估记录表

面积单位：

序号	项目	内容
1	农业主体[a]	
2	地块位置[b]	
3	地块经纬度	
4	地号	
5	受灾时间	
6	评估时间	
7	品种类型[c]	
8	品种熟性[d]	
9	生育时期[e]	
10	评估地块面积[f]	
11	受灾区域面积[g]	
12	受灾区域占比[h]	
受灾示意图		

[a] 指地块种植作物所属的权利人或集体。
[b] 填写地块所在位置，例如：xx 县 xx 乡 xx 村 xx 组。
[c] 例如：籼稻、粳稻等。
[d] 例如：早熟、中熟或晚熟等。
[e] 例如：拔节期、开花期、灌浆期等。
[f] 按照 5.4.3.1 的公式计算。
[g] 按照 5.4.3.2 的公式计算。
[h] 按照 5.4.3.3 的公式计算。

参考文献

[1]GB/T 14950—2009　摄影测量与遥感术语

[2]GB/T 15968—2008　遥感影像平面图制作规范

[3]GB/T 24438.2—2012　自然灾害灾情统计　第2部分：扩展指标

[4]GB/T 27920.1—2011　数字航空摄影规范　第1部分：框幅式数字航空摄影

[5]DB 21/T 3220—2020　植保无人飞机水稻田作业技术规程

[6]DB 34/T 3122—2018　水稻主要气象灾害调查技术规范

[7]CH/Z 3001—2010　无人机航摄安全作业基本要求

[8]CH/Z 3002—2010　无人机航摄系统技术要求

[9]CHZ 3005—2010　低空数字航空摄影规范

[10]NY/T 3526—2019　农情监测遥感数据预处理技术规范

[11]NY/T 3527—2019　农作物种植面积遥感监测规范

[12]QX/T 474—2019　卫星遥感监测技术导则　水稻长势

参考文献

附录四　水稻种植成本保险查勘定损技术规范

ICS 03.060
A 11
备案号：35044-2012

DB22

吉 林 省 地 方 标 准

DB 22/T 1564—2012

水稻种植成本保险查勘定损技术规范

Technical specifications of insurance loss exploration for paddy rice planting cost

2012-05-23 发布 2012-07-01 实施

吉林省质量技术监督局 发布

DB22/T 1564—2012

前　言

本标准按照 GB/T 1.1—2009 给出的规则起草。

本标准由安华农业保险股份有限公司吉林省分公司提出。

本标准由吉林省保监局归口。

本标准起草单位：安华农业保险股份有限公司吉林省分公司、吉林农业大学。

本标准主要起草人：胡文河、杨宝平、赵忠伟、李恒、谷岩、吴春胜。

水稻种植成本保险查勘定损技术规范

1 范围

本标准规定了水稻种植成本保险的术语、定义、查勘定损要求、查勘人员组成、查勘定损时间、查勘定损办法和查勘定损结果处理。

本标准适用于农作物种植保险范围内大田种植的水稻地块。

2 规范性引用文件

下列文件对于本文件的应用是必不可少的。凡是注日期的引用文件，仅所注日期的版本适用于本文件。凡是不注日期的引用文件，其最新版本（包括所有的修改单）适用于本文件。

DB22/T 1560 农作物种植成本保险查勘定损技术规范总则

3 定义和术语

DB22/T 1560 界定的术语和定义适用于本文件。

4 农业保险气象灾害种类及其对水稻生产的影响

4.1 洪水

洪水会使稻田被毁，严重时淤泥埋没水稻生长点或者水分淹没植株，造成不同程度的减产，严重时造成绝收。

4.2 风灾

风灾在水稻营养生长阶段的直接危害较轻；拔节后，水稻遭受风灾造成倾斜、倒伏等；开花授粉期授粉不良造成结实不全，灌浆期造成灌浆物质不足，粒重降低。灌浆期受风灾造成的倒伏严重的可减产 30% ～ 50%。

4.3　雹灾

雹灾可分为以下几种。

轻雹。多数冰雹直径不超过 0.5 cm，累计降雹时间不超过 10 min，地面积雹厚度不超过 2 cm；

中雹。多数冰雹直径 0.5 ～ 2.0 cm，累计降雹时间 10 ～ 30 min，地面积雹厚度 2 ～ 5 cm；

重雹。多数冰雹直径 2.0 cm 以上，累计降雹时间 30 min 以上，地面积雹厚度 5 cm 以上。

水稻在受雹灾后，易造成大量的叶片脱落，植株倒伏，同时生长发育推迟，贪青晚熟。轻度雹灾对产量影响较小，中度雹灾叶片砸落，部分折断，减产 10% ～ 30%，重度雹灾茎秆大部分或者全部折断，减 产 50% 以上。

4.4　旱灾

水稻干旱指稻田不能正常灌溉，保持水层，从而对水稻生长发育和产量造成的影响。

轻度干旱对产量影响较小，重度干旱减产 40% 以上甚至绝收；孕穗期干旱会严重影响根系和地上部分生长，干物质运输受阻，穗分化异常或者不分化，造成小穗和空秕粒增加，短期干旱减产幅度较小，长期干旱在 50% 以上；花粒期如遇干旱影响灌浆，造成早衰，降低粒重，减产 50% 以上。

4.5　霜冻

霜冻会造成水稻生长发育停止或植株死亡，严重的减产 30% 以上。

4.6 障碍性低温冷害

使水稻花器的生理机能受到破坏，造成颖花不育，结实率降低，导致减产。一般减产在 20% ～ 30%，严重的减产 40% 以上。

5 查勘定损要求、查勘定损组成和查勘定损时间

按照 DB22/T 1560 的相关要求执行。

6 查勘定损方法

确定保险标的、保险责任、损失面积及查勘取证等工作按照 DB22/T　1560 的相关要求执行。确定抽样地块水稻损失程度按照本标准执行。

6.1 经验确定

查勘人员根据经验确定水稻受灾地块损失程度。

6.2 抽样理论测产

每个村（或组）分轻、中、重 3 种损失类型分别设置一个随机取样点，每个取样点中采取三点或五点取样方法，每点取 0.001　hm^2 水稻进行测产。按照公式（1）计算产量：

$$T=G\times S\times J\times W\times 10\,000\times 10^{-6}\times 0.85 \quad (1)$$

式中，T 为理论产量，单位为 kg/hm^2；G 为每平方米穗数，单位为穗 /m^2；S 为穗粒数，单位为粒 / 穗；J 为结实率，单位为 %；W 为千粒重，单位为 g；10^{-6} 为单位换算产生的系数；0.85 为产量修正系数。

6.3 抽样实打实测

每个村（或组）分轻、中、重 3 种损失类型分别设置一个

随机取样点，每点收获 0.03 hm^2 水稻脱粒，用水分测定仪测定含水量。按照以下公式（2）计算产量：

$$T=\frac{G}{M\times(1-W)\times(1-K)\times(1-Z)/(1-14.5\%)} \tag{2}$$

式中，T 为实测产量，单位为 kg/hm^2；G 为实收重量，单位为 kg；M 为实收面积，单位为 hm^2；W 为测定含水率，单位为 %；K 为测定空瘪率，单位为 %；Z 为测定杂质率，单位为 %；14.5% 为水稻标准含水量。

7 查勘定损结果处理

按照 DB22/T 1560 的相关要求执行。